# essentials

*essentials* liefern aktuelles Wissen in konzentrierter Form. Die Essenz dessen, worauf es als „State-of-the-Art" in der gegenwärtigen Fachdiskussion oder in der Praxis ankommt. *essentials* informieren schnell, unkompliziert und verständlich

- als Einführung in ein aktuelles Thema aus Ihrem Fachgebiet
- als Einstieg in ein für Sie noch unbekanntes Themenfeld
- als Einblick, um zum Thema mitreden zu können

Die Bücher in elektronischer und gedruckter Form bringen das Expertenwissen von Springer-Fachautoren kompakt zur Darstellung. Sie sind besonders für die Nutzung als eBook auf Tablet-PCs, eBook-Readern und Smartphones geeignet. *essentials:* Wissensbausteine aus den Wirtschafts-, Sozial- und Geisteswissenschaften, aus Technik und Naturwissenschaften sowie aus Medizin, Psychologie und Gesundheitsberufen. Von renommierten Autoren aller Springer-Verlagsmarken.

Weitere Bände in der Reihe http://www.springer.com/series/13088

Michael Kinza

# Theorie der Fermiflüssigkeit in Metallen

Ein kompakter Überblick als Einführung in die Theoretische Festkörperphysik

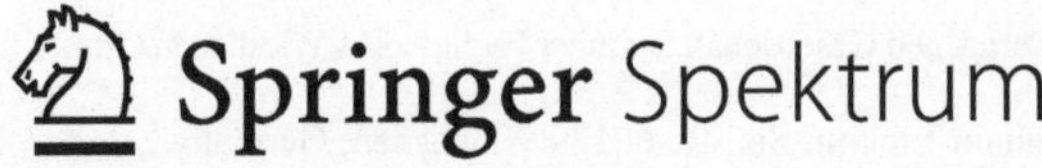

Michael Kinza
Heidenheim, Deutschland

ISSN 2197-6708          ISSN 2197-6716   (electronic)
essentials
ISBN 978-3-658-23832-2          ISBN 978-3-658-23833-9    (eBook)
https://doi.org/10.1007/978-3-658-23833-9

Die Deutsche Nationalbibliothek verzeichnet diese Publikation in der Deutschen National-
bibliografie; detaillierte bibliografische Daten sind im Internet über http://dnb.d-nb.de abrufbar.



Springer Spektrum ist ein Imprint der eingetragenen Gesellschaft Springer Fachmedien Wiesbaden GmbH
und ist ein Teil von Springer Nature
Die Anschrift der Gesellschaft ist: Abraham-Lincoln-Str. 46, 65189 Wiesbaden, Germany

# Was Sie in diesem *essential* finden können

- Eine Einführung in die Grundlagen von Landaus Fermiflüssigkeitstheorie
- Ausführliche Rechnungen, die Schritt für Schritt nachvollzogen werden können
- Einen Ausblick auf die mikroskopische Basis der Fermiflüssigkeitstheorie

# Vorwort

Das vorliegende *essential* richtet sich an Studierende der Physik, welche mit den Grundlagen der Quantenmechanik und der statistischen Physik vertraut sind. Es behandelt die Grundlagen der Theorie der Fermiflüssigkeit in Metallen, welche von dem Physiker Lew Landau im Jahr 1956 entwickelt wurde. Als „Standardmodell" der Metallphysik können mit dieser wesentliche elektronische Eigenschaften von Metallen bei sehr tiefen Temperaturen erklärt und verstanden werden. Sie bildet daher den Ausgangspunkt für einen tieferen Einstieg in die theoretische Festkörperphysik und ist Bestandteil jeder grundlegenden Vorlesung zu diesem Gebiet.

Im ersten Kapitel werden wir zunächst auf die Sommerfeld-Theorie der Metalle eingehen, in welcher die Elektronen eines Metalls als freies Elektronengas modelliert werden. Obwohl die Coulomb-Wechselwirkung der Elektronen hierbei ad hoc vernachlässigt wird, können erstaunlicherweise viele Eigenschaften von Metallen mit diesem Modell bereits qualitativ richtig beschrieben werden. Den Grund hierfür liefert die Fermiflüssigkeitstheorie, welche das Bild freier Elektronen durch das Konzept des Quasiteilchens ersetzt. Es folgt eine ausführliche Herleitung der spezifischen Wärme, der Kompressibilität und der Spin-Suszeptibilität einer Fermiflüssigkeit. Im Vergleich zur Sommerfeld-Theorie bewirken die Wechselwirkungen lediglich eine Modifizierung einiger Parameter, der Landau-Parameter. Abschließend wird noch kurz auf die mikroskopische Basis der Fermiflüssigkeitstheorie eingegangen.

Für weitere Details der Fermiflüssigkeitstheorie sei auf die weiterführende Literatur verwiesen. Sehr informativ sind beispielsweise die Skripte (1) und (2), welche auch bei der vorliegenden Darstellung als Quelle dienten. Die mikroskopische Basis der Fermiflüssigkeitstheorie ist sehr ausführlich in (4) dargestellt.

Der Verfasser dankt Frau Lisa Edelhäuser für die Unterstützung bei der vorliegenden Arbeit.

Heidenheim                                                                    Michael Kinza
im Juli 2018

# Inhaltsverzeichnis

# Theorie der Fermiflüssigkeit in Metallen $\qquad$ 1

Die Fermiflüssigkeitstheorie für Metalle geht auf den russischen Physiker Lew Landau (1908–1968) zurück. Mit dieser können wesentliche Eigenschaften von Metallen, beispielsweise das Verhalten der Wärmekapazität bei Temperaturen nahe dem absoluten Nullpunkt, erklärt werden. Diese Eigenschaften können zwar auch im Rahmen der Sommerfeld-Theorie, in welcher die Elektronen eines Metalls als freies Elektronengas modelliert werden, beschrieben werden. Dennoch bleibt in dieser Beschreibung ungeklärt, weshalb die starke Wechselwirkung der Elektronen, die sich ja aufgrund ihrer negativen Ladung abstoßen, dabei scheinbar vernachlässigt werden kann. Eine Erklärung hierzu liefert die Fermiflüssigkeitstheorie. Im Folgenden werden wir uns aber zunächst mit der Sommerfeld-Theorie beschäftigen.

## 1.1 Sommerfeld-Theorie der Metalle

### 1.1.1 Grundzustandsenergie und Zustandsdichte

In der Sommerfeld-Theorie (nach dem Physiker Arnold Sommerfeld (1868–1951)) werden die Leitungselektronen eines Metalls als freies Fermigas modelliert. Für die Beschreibung der Eigenschaften eines Metalls bei sehr tiefen Temperaturen, spielt der Grundzustand dieses Fermigases eine wichtige Rolle.

Wir nehmen an, dass das Fermigas aus $N$ Elektronen besteht, wobei $N$ von der Größenordnung der Avogadrokonstante $N \sim 10^{23}$ ist. Im Grundzustand besetzen diese, gemäß dem Pauli-Prinzip, die energetisch niedrigsten $N$ Einteilchenzustände. Aufgrund der isotropen Energie-Dispersion $\epsilon(\mathbf{k}) = \epsilon(|\mathbf{k}|)$ bilden die

© Springer Fachmedien Wiesbaden GmbH, ein Teil von Springer Nature 2018
M. Kinza, *Theorie der Fermiflüssigkeit in Metallen*, essentials,
https://doi.org/10.1007/978-3-658-23833-9_1

besetzten Zustände im **k**-Raum dann eine Kugel, deren Radius durch den Fermi-Impuls $k_F$ gegeben ist. Die dazugehörige Energie ist die Fermi-Energie $\epsilon_F = \epsilon(k_F)$.

Damit können wir auch die Grundzustandswellenfunktion angeben, welche durch

$$\left| \Psi_0^N \right\rangle = \prod_{\substack{\mathbf{k} \\ |\mathbf{k}| < k_F}} c_{\mathbf{k},\uparrow}^\dagger c_{\mathbf{k},\downarrow}^\dagger \, |0\rangle \tag{1.1}$$

gegeben ist. Dabei erzeugt $c_{\mathbf{k},\sigma}^\dagger$ ein Elektron mit Impuls **k** und Spin $\sigma$. $|0\rangle$ ist der Vakuumzustand. Mit der Eigenwertgleichung $\hat{H} \left| \Psi_0^N \right\rangle = E_0 \left| \Psi_0^N \right\rangle$ folgt die Grundzustandsenergie

$$\begin{aligned}
E_0 &= 2 \sum_{\substack{\mathbf{k} \\ |\mathbf{k}| < k_F}} \epsilon(\mathbf{k}) \\
&= 2 \frac{V}{(2\pi)^d} \int_{|\mathbf{k}| < k_F} \mathrm{d}^d \mathbf{k}\, \epsilon(\mathbf{k}) \\
&= \int_0^{\epsilon_F} \mathrm{d}\epsilon\, g(\epsilon)\epsilon.
\end{aligned} \tag{1.2}$$

Hierbei haben wir die Einteilchen-Zustandsdichte

$$g(\epsilon) = \frac{2V}{(2\pi)^d} \int \mathrm{d}^d \mathbf{k}\, \delta\left( \epsilon(\mathbf{k}) - \epsilon \right) \tag{1.3}$$

eingeführt, die in den folgenden Betrachtungen immer wieder auftauchen wird. Deswegen leiten wir für sie nun einen expliziten Ausdruck in Abhängigkeit der Dimension $d$ her.

Aufgrund der sphärischen Symmetrie der Dispersionsrelation kann das Integral in Kugelkoordinaten umgeformt werden.

$$g(\epsilon) = \frac{2V}{(2\pi)^d} \underbrace{\int \mathrm{d}\Omega^d}_{\substack{\text{d-dimensionale} \\ \text{Einheitskugel}}} \int_0^\infty \mathrm{d}k\, k^{d-1}\, \delta\left( \frac{\hbar^2 k^2}{2m} - \epsilon \right) \tag{1.4}$$

Das Volumen über die d-dimensionale Einheitskugel ergibt sich in Abhängigkeit der Dimension zu

$$d=1 \qquad \int d\Omega^1 = 2 \tag{1.5}$$

$$d=2 \qquad \int d\Omega^2 = \int_0^{2\pi} d\phi = 2\pi \tag{1.6}$$

$$d=3 \qquad \int d\Omega^3 = \int_0^{2\pi} d\phi \int_0^{\pi} d\theta \, \sin(\theta) = 4\pi \tag{1.7}$$

Mit der Substitution $x = \frac{\hbar^2 k^2}{2m}$ folgt weiter

$$
\begin{aligned}
g(\epsilon) &= \frac{2V}{(2\pi)^d} \int d\Omega^d \int_0^\infty dx \, \frac{m}{\hbar^2} \left( \frac{2mx}{\hbar^2} \right)^{d/2-1} \delta(x - \epsilon) \\
&= \begin{cases} \alpha_d V \epsilon^{d/2-1} & \text{für } \epsilon > 0 \\ 0 & \text{für } \epsilon < 0 \end{cases}
\end{aligned}
\tag{1.8}
$$

mit $\alpha_d = \frac{1}{(2\pi)^d} \int d\Omega^d \frac{1}{\hbar^d} (2m)^{d/2}$. Damit können wir nun einen Ausdruck für die Grundzustandsenergie und die Teilchenzahl in d Dimensionen herleiten:

$$E_0 = \int_0^{\epsilon_F} d\epsilon \, g(\epsilon) \epsilon = \frac{\alpha_d V}{d} \epsilon_F^{d/2} \tag{1.9}$$

$$N = \int_0^{\epsilon_F} d\epsilon \, g(\epsilon) = \frac{2\alpha_d V}{d} \epsilon_F^{d/2} \tag{1.10}$$

### 1.1.2   Sommerfeld-Entwicklung

Bei der Berechnung von Erwartungswerten werden wir häufig auf Ausdrücke der Form

$$I = \int_{-\infty}^{\infty} d\epsilon \, h(\epsilon) f(\epsilon) \tag{1.11}$$

stoßen, wobei $f(\epsilon)$ die Fermi-Funktion ist.

$$f(\epsilon) = \frac{1}{\exp(\beta(\epsilon - \mu)) + 1}. \tag{1.12}$$

Diese lassen sich durch die sogenannte Sommerfeld-Entwicklung vereinfachen. Nach partieller Integration ergibt sich zunächst

$$I = \underbrace{H(\epsilon)\,f(\epsilon)\big|_{-\infty}^{\infty}}_{=0} - \int_{-\infty}^{\infty} d\epsilon\, H(\epsilon)\,f'(\epsilon) \tag{1.13}$$

wobei $H(\epsilon) = \int_{-\infty}^{\epsilon} dx\, h(x)$ ist. Für $k_B T \ll \mu$ ist die Ableitung der Fermi-Funktion $\frac{d}{d\epsilon}\frac{1}{e^{\beta(\epsilon-\mu)}+1} = \frac{-\beta e^{\beta(\epsilon-\mu)}}{(e^{\beta(\epsilon-\mu)}+1)^2}$ in einem kleinen Bereich um $\mu$ herum konzentriert. Daher kann man in diesem Fall $H(\epsilon)$ um $\mu$ herum entwickeln.

$$
\begin{aligned}
I &= \beta \int_{-\infty}^{\infty} d\epsilon\, \frac{e^{\beta(\epsilon-\mu)}}{(e^{\beta(\epsilon-\mu)}+1)^2} H(\epsilon) \\
&\overset{x=\beta(\epsilon-\mu)}{=} \int_{-\infty}^{\infty} dx\, \frac{e^x}{(e^x+1)^2} H(\mu + k_B T x) \\
&= \sum_{n=0}^{\infty} \frac{H^{(n)}(\mu)}{n!} (k_B T)^n \int_{-\infty}^{\infty} dx\, \frac{e^x x^n}{(1+e^x)^2} \\
&= \sum_{n=0}^{\infty} \frac{H^{(n)}(\mu)}{n!} (k_B T)^n I_n
\end{aligned}
\tag{1.14}
$$

mit $I_n = \int_{-\infty}^{\infty} dx\, \frac{x^n}{(e^{x/2}+e^{-x/2})^2}$. Dabei verschwinden alle ungeraden Ordnungen $I_n = 0$ für $n = 1, 3, 5, \ldots$. Die niedrigsten geraden Koeffizienten ergeben sich zu $I_0 = 1$, $I_2 = \frac{\pi^2}{3}$, $I_4 = \frac{7\pi^4}{15}$.

Insgesamt ergibt sich für die Sommerfeld-Entwicklung damit der Ausdruck

**Sommerfeld-Entwicklung**

$$\int_{-\infty}^{\infty} d\epsilon\, h(\epsilon)\, f(\epsilon) = \int_{-\infty}^{\mu} d\epsilon\, h(\epsilon) + \frac{\pi^2}{6} h'(\mu)\,(k_B T)^2 + \mathcal{O}\big((k_B T)^4\big)$$

$$\tag{1.15}$$

### 1.1.3  Spezifische Wärme

Die spezifische Wärme ist definiert als Temperaturableitung der inneren Energie

$$C_V = \left.\frac{\partial E}{\partial T}\right|_{N,V} \tag{1.16}$$

Dabei ergibt sich die innere Energie $E$ und die Teilchenzahl $N$ durch die Integrale

$$E = \int d\epsilon\, g(\epsilon)\epsilon\, n_F(\epsilon) \tag{1.17}$$

$$N = \int d\epsilon\, g(\epsilon) n_F(\epsilon) \tag{1.18}$$

Zunächst werden wir den Ausdruck für die Teilchenzahl $N$ (1.18) auswerten. Aus der Forderung, dass $N(T)$ konstant ist (die Temperaturableitung in (1.16) wird bei konstantem $N$ durchgeführt), ergibt sich dann eine Temperaturabhängigkeit des chemischen Potenzials $\mu = \mu(T)$. Zunächst ergibt sich mit der Sommerfeld-Entwicklung (1.15)

$$N = \int_{-\infty}^{\mu(T)} d\epsilon\, g(\epsilon) + \frac{\pi^2}{6} g'(\mu)\,(k_B T)^2 + \mathcal{O}\left((k_B T)^4\right) \tag{1.19}$$

$$= \underbrace{\int_{-\infty}^{\epsilon_F = \mu(T=0)} d\epsilon\, g(\epsilon)}_{=N_0} + \underbrace{\int_{\epsilon_F}^{\mu} d\epsilon\, g(\epsilon)}_{G(\mu)-G(\epsilon_F)} + \frac{\pi^2}{6} g'(\epsilon_F + \underbrace{\mu(T) - \epsilon_F}_{\Delta\mu(T)})(k_B T)^2 + \mathcal{O}\left((k_B T)^4\right)$$

$$\tag{1.20}$$

Aus der Forderung nach konstantem $N(T)$ ergibt sich dann weiter

$$0 = N(T) - N_0$$

$$= G(\mu(T)) - G(\epsilon_F) + \frac{\pi^2}{6} g'(\epsilon_F + \Delta\mu(T))(k_B T)^2 + \mathcal{O}\left((k_B T)^4\right)$$

$$= g(\epsilon_F)\Delta\mu(T) + \frac{\pi^2}{6} g'(\epsilon_F)(k_B T)^2 + \mathcal{O}\left(\Delta\mu(T)^2, \Delta\mu(T)(k_B T)^2, (k_B T)^4\right) \tag{1.21}$$

und insgesamt:

$$\Delta\mu(T) = -\frac{\pi^2}{6}\frac{g'(\epsilon_F)}{g(\epsilon_F)}(k_B T)^2 + \mathcal{O}\left((k_B T)^4\right) \tag{1.22}$$

Auch das Integral für die Energie (1.17) kann mit der Sommerfeld-Entwicklung vereinfacht werden

$$
\begin{aligned}
E(T) &= \int \mathrm{d}\epsilon\,\epsilon\,g(\epsilon)f(\epsilon) \\
&= \int_{-\infty}^{\mu} \mathrm{d}\epsilon\,\epsilon\,g(\epsilon) + \frac{\pi^2}{6}(k_B T)^2\left(g(\mu) + \mu g'(\mu)\right) + \mathcal{O}\left((k_B T)^4\right) \\
&= \underbrace{\int_{-\infty}^{\epsilon_F} \mathrm{d}\epsilon\,\epsilon\,g(\epsilon)}_{E_0} + \int_{\epsilon_F}^{\mu} \mathrm{d}\epsilon\,\epsilon\,g(\epsilon) + \frac{\pi^2}{6}(k_B T)^2\left(g(\mu) + \mu g'(\mu)\right) + \mathcal{O}\left((k_B T)^4\right) \\
&= E_0 + g(\epsilon_F)\Delta\mu(T) + \frac{\pi^2}{6}(k_B T)^2\left(g(\epsilon_F) + \epsilon_F g'(\epsilon_F)\right) + \mathcal{O}\left((k_B T)^4\right) \\
&= E_0 + \frac{\pi^2}{6}g(\epsilon_F)(k_B T)^2 + \mathcal{O}\left((k_B T)^4\right)
\end{aligned}
\tag{1.23}
$$

In der vorletzten Zeile haben wir $\Delta\mu(T)$ durch die Beziehung (1.22) ausgedrückt. Nun können wir die spezifische Wärme durch die Temperaturableitung dieses Ausdrucks bestimmen.

**Spezifische Wärme im Sommerfeld-Modell**

$$C_V = \left.\frac{\partial E}{\partial T}\right|_{N,V} = \frac{\pi^2}{3}g(\epsilon_F)k_B^2 T + \mathcal{O}\left(k_B^4 T^3\right) \tag{1.24}$$

$C_V$ ist also proportional zur Temperatur $T$. Der Proportionalitätsfaktor heißt Sommerfeld-Konstante und wird mit dem Buchstaben $\gamma$ bezeichnet: $\gamma = \frac{\pi^2}{3}g(\epsilon_F)k_B^2$. Diese Temperaturabhängigkeit ist charakteristisch für Metalle und hängt mit der Existenz einer scharf definierten Fermi-Fläche zusammen. Bei einer Erhöhung der Temperatur um $\Delta T$ können nur Elektronen nahe der Fermi-Kante einen Energiebetrag $\Delta E$ aufnehmen und damit zur spezifischen Wärme beitragen. Die Energieänderung lässt sich also abschätzen durch

$$E(T) - E_0 \approx g(\epsilon_F)k_B T \underbrace{k_B T}_{\substack{\text{Energie für} \\ \text{Anregungen}}}$$

$$= g(\epsilon_F)(k_B T)^2 \tag{1.25}$$

Hieraus ergibt sich $C_V \propto T$.

### 1.1.4   Spinsuszeptibilität

In diesem Abschnitt berechnen wir die Spinsuszeptibilität des freien Elektronengases. Ein homogenes Magnetfeld $\mathbf{B} = B\mathbf{e}_z$ induziert aufgrund der Zeeman-Kopplung eine Magnetisierung $M$. Dies wird durch den Hamiltonoperator

$$\hat{H} = \sum_{\mathbf{k},\sigma} \epsilon_{\mathbf{k}} c^{\dagger}_{\mathbf{k},\sigma} c_{\mathbf{k},\sigma} - \frac{g\mu_B B}{\hbar} \sum_{\mathbf{k}} \sum_{\sigma,\sigma'} c^{\dagger}_{\mathbf{k},\sigma} \frac{\hbar}{2} \sigma^z_{\sigma,\sigma'} c_{\mathbf{k}',\sigma'} \tag{1.26}$$

beschrieben. Die Magnetisierung $M$ ergibt sich als Erwartungswert des Operators

$$\hat{M} = g\mu_B \sum_{\mathbf{k}} \left( n_{\mathbf{k},\uparrow} - n_{\mathbf{k},\downarrow} \right) \tag{1.27}$$

Die Spinsuszeptibilität ist dann definiert als

$$\chi = \frac{\partial M}{\partial B} \tag{1.28}$$

Mit der Funktion $f^{\sigma}(\epsilon) = \dfrac{1}{1+e^{\beta\left(\epsilon - \frac{g\mu_B B}{2}\sigma - \mu\right)}}$ ergibt sich

$$M = \frac{g\mu_B}{2} \int d\epsilon\, g(\epsilon) \left( f^{\uparrow}(\epsilon) - f^{\downarrow}(\epsilon) \right)$$

$$= \frac{g\mu_B}{2} \int d\epsilon\, g(\epsilon) \left( f\left(\epsilon - \frac{g\mu_B B}{2}\right) - f\left(\epsilon + \frac{g\mu_B B}{2}\right) \right) \tag{1.29}$$

Wenn $\mu_B B \ll \mu$ können wir die Funktionen entwickeln und erhalten

$$M = -\frac{g^2 \mu_B^2 B}{4} \int \mathrm{d}\epsilon\, g(\epsilon) f'(\epsilon) \tag{1.30}$$

$$\xrightarrow{T \to 0} \frac{g^2 \mu_B^2 B}{4} g(\epsilon_F) \tag{1.31}$$

Die Suszeptibilität ergibt sich also zu

**Spinsuszeptibilität im Sommerfeld-Modell**

$$\chi = \frac{g^2 \mu_B^2}{4} g(\epsilon_F) \tag{1.32}$$

Diese wird auch als Pauli-Suszeptibilität bezeichnet.

Eine wichtige Größe, welche uns in der Theorie der Fermiflüssigkeit wieder begegnen wird, ist das sogenannte „Wilson-Verhältnis", das durch das Verhältnis der magnetischen Suszeptibilität und der Sommerfeldkonstanten, d.h. der Proportionalitätskonstanten der spezifischen Wärme, definiert ist.

**Wilson-Verhältnis**

$$R = \frac{\chi}{\gamma} \frac{3(g\mu_B)^2}{4\pi^2 k_B^2} \tag{1.33}$$

Wie Sie leicht nachrechnen können, gilt im Sommerfeld-Modell $R = 1$.

## 1.2    Landaus Theorie der Fermiflüssigkeit

Im Sommerfeld-Modell konnten wir wesentliche Eigenschaften von Metallen bei tiefen Temperaturen qualitativ richtig beschreiben. Dabei wurde jedoch die Wechselwirkung zwischen den Elektronen vernachlässigt, ohne dass wir angeben konnten, weshalb diese Vernachlässigung zulässig war. Diese Erklärung wird von der Landau-Theorie der Fermiflüssigkeit geleistet. Diese ist eine phänomenologische Theorie, die auf wenigen Grundannahmen beruht, die in vielen Fällen gut erfüllt sind und auch störungstheoretisch motiviert werden können. Die wesentliche Grundlage ist das Konzept des Quasiteilchens, durch welches niederenergetische Anregungen des Systems beschrieben werden. Dies ermöglicht das System mit einem wechselwirkungsfreien System in Beziehung zu setzen. Der Einfluss der Wechselwirkung führt hierbei lediglich zur Modifikation einiger Parameter, den „Landau-Parametern", durch welche die Messgrößen ausgedrückt werden können. Als Niederenergie-Theorie ist die Landau-Theorie allerdings nur bei sehr tiefen Temperaturen gültig.

## 1.2.1  Lebensdauer eines Quasiteilchens

Das Herzstück der Fermiflüssigkeits-Theorie ist das Quasiteilchenkonzept, das wir in diesem Abschnitt einführen werden. Dieses beruht auf dem Prinzip der adiabatischen Kontinuität, welches besagt, dass sich die Eigenschaften eines wechselwirkenden Systems aus den Eigenschaften des entsprechenden wechselwirkungsfreien Systems adiabatisch entwickeln, wenn die Wechselwirkung unendlich langsam eingeschaltet wird. Diese Annahme ist nicht unproblematisch und bspw. bei Phasenübergängen liegt keine adiabatische Zustandsänderung mehr vor. In diesem Fall bricht die Fermiflüssigkeits-Theorie zusammen.

Betrachten wir im Folgenden einen gefüllten Fermisee mit einem zusätzlichen Elektron mit Impuls $\mathbf{k}$. Aufgrund des Pauli-Prinzips gilt $k > k_F$ (vgl. Abb. 1.1a). Dieser Zustand ist ein Eigenzustand des wechselwirkungsfreien Hamilton-Operators und stellt eine mögliche Einteilchen-Anregung aus dem Grundzustand (der durch die gefüllte Fermikugel gegeben ist) dar. Wir gehen davon aus, dass die Energie des zusätzlichen Elektrons nahe der Fermi-Energie liegt, sodass es sich um eine Niederenergie-Anregung handelt. Die Eigenschaften des Systems bei sehr tiefen Temperaturen werden durch Niederenergie-Anregungen dieser Art bestimmt. Wie ändert sich diese Situation nun, wenn wir die Wechselwirkung unendlich langsam einschalten? Der Zustand wird dann kein Eigenzustand mehr sein, sondern nach einer endlichen Lebensdauer aufgrund von Streuprozessen in einen Vielteilchen-Zustand verfallen. Da in diesen Streuprozessen der Impuls $\mathbf{k}$ und der Spin $\sigma$ erhalten ist, kann der Vielteilchenzustand, genauso wie die Einteilchen-Anregung, von der wir ausgegangen sind, durch diese Quantenzahlen charakterisiert werden. Dies heißt allerdings nicht zwingend, dass auch der Vielteilchenzustand den anfänglichen „Einteilchen-Charakter" behält. Vielmehr wird sich aufgrund der Streuprozessen eine große Zahl von Teilchen-Loch-Paaren bilden, in welche der anfängliche Zustand verfällt. Wenn dessen Lebensdauer allerdings groß genug ist, können wir auch weiterhin den Vielteilchenzustand als Einteilchen-Anregung auffassen.

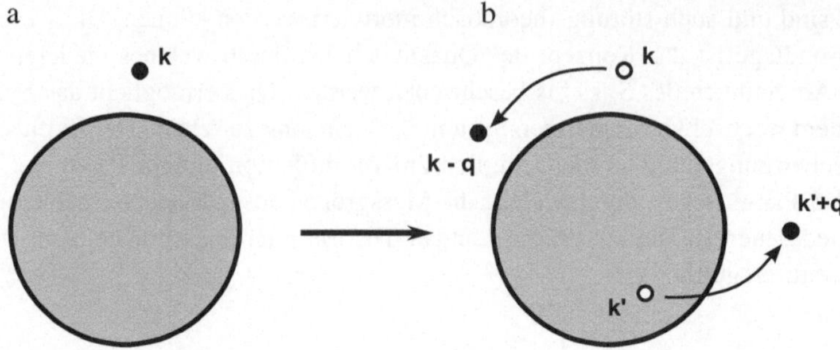


**Abb. 1.1** **a** Gefüllter Fermisee mit einem zusätzlichen Elektron mit Impuls **k**. **b** Aufgrund von Wechselwirkungen zerfällt der Zustand aus (**a**) in ein Teilchen-Loch-Paar.

Was „groß genug" hierbei bedeutet werden wir noch näher diskutieren. Um diese neuen Einteilchen-Anregungen von den freien Elektronen (im wechselwirkungs-freien Fall) abzugrenzen, bezeichnet man sie als **Quasiteilchen**.[1]

Im Folgenden berechnen wir die Lebensdauer $\tau_{\mathbf{k}}$ einer solchen Einteilchen-Anregung in Anwesenheit von Wechselwirkungen.

Eine typische Elektron-Elektron-Wechselwirkung wird im Impulsraum durch den Hamilton-Operator

$$\hat{H}_{WW} = \sum_{\mathbf{k},\mathbf{k}',\mathbf{q}} \sum_{\sigma,\sigma'} V(\mathbf{q}) c^{\dagger}_{\mathbf{k}-\mathbf{q},\sigma} c^{\dagger}_{\mathbf{k}'+\mathbf{q},\sigma'} c_{\mathbf{k}',\sigma'} c_{\mathbf{k},\sigma} \tag{1.34}$$

beschrieben. $V(\mathbf{q})$ ist das Wechselwirkungsmatrixelement zum Impulstransfer $\mathbf{q}$. Die Operatoren $c^{\dagger}_{\mathbf{k},\sigma}$ und $c_{\mathbf{k},\sigma}$ erzeugen bzw. vernichten Elektronen mit Impuls **k** und Spin $\sigma$. In Metallen ist die Coulomb-Wechselwirkung abgeschirmt und auf eine endliche Reichweite, die durch die inverse Thomas-Fermi-Wellenzahl $\frac{1}{k_{TF}}$ gegeben ist, eingeschränkt. Im Impulsraum nimmt die Wechselwirkung dann die Form

$$V(\mathbf{q}) = \frac{4\pi e^2}{q^2 \epsilon(\mathbf{q}, \omega = 0)} = \frac{4\pi e^2}{q^2 + k_{TF}^2} \tag{1.35}$$

an (Eine Herleitung findet sich bspw. in [5]). Da wir uns im Niederenergie-Limes $\omega \ll \epsilon_F$ befinden, setzen wir $\omega = 0$. Aufgrund dieser Wechselwirkung zerfällt der

---

[1] Analog definiert man Quasilöcher, welche sich adiabatisch aus normalen Loch-Zuständen entwickeln.

Zustand aus Abb. 1.1a. In niedrigster Ordnung wird sich hierbei ein Teilchen-Loch-Paar (s. Abb. 1.1b) bilden.

Die Lebensdauer des Zustands können wir mit Fermi's Goldener Regel berechnen:

$$\frac{1}{\tau_{\mathbf{k}}} = \frac{2\pi}{\hbar} \sum_{\mathbf{k}',\mathbf{q}} \sum_{\sigma'} |V(q)|^2 f_{\mathbf{k}'}^0 (1 - f_{\mathbf{k}-\mathbf{q}}^0)(1 - f_{\mathbf{k}'+\mathbf{q}}^0) \delta \left( \epsilon_{\mathbf{k}-\mathbf{q}} - \epsilon_{\mathbf{k}} - (\epsilon_{\mathbf{k}'} - \epsilon_{\mathbf{k}'+\mathbf{q}}) \right)$$

$$(1.36)$$

Die Delta-Funktion stellt hierbei die Energie-Erhaltung sicher. Der Faktor $f_{\mathbf{k}'}^0 (1 - f_{\mathbf{k}-\mathbf{q}}^0)(1 - f_{\mathbf{k}'+\mathbf{q}}^0)$ ist Ausdruck des Pauli-Prinzips, da der Zustand $\mathbf{k}'$ vor dem Streuprozess besetzt und die Zustände $\mathbf{k} - \mathbf{q}$ und $\mathbf{k}' + \mathbf{q}$ jeweils entsprechend unbesetzt sind. Wir werden die Rechnung bei Temperatur $T = 0$ durchführen, sodass die Besetzungszahlen durch scharfe Theta-Funktionen beschrieben werden.

Die Ausführung der Summe in Gl. (1.36) ist aufwendig. Wir können durch eine kluge Abschätzung aber schon das wesentliche Endergebnis vorwegnehmen. Aufgrund des Pauliprinzips ergibt sich, dass $|\mathbf{k}| > k_F$, $|\mathbf{k}'| < k_F$, $|\mathbf{k} - \mathbf{q}| > k_F$ und $|\mathbf{k}' + \mathbf{q}| > k_F$ (vgl. Abb. 1.1b). Aufgrund der Energieerhaltung gilt dann weiterhin (wir definieren $\xi_{\mathbf{k}} = \epsilon_{\mathbf{k}} - \epsilon_F$): $\xi_{\mathbf{k}} + \xi_{\mathbf{k}'} = \xi_{\mathbf{k}-\mathbf{q}} + \xi_{\mathbf{k}'+\mathbf{q}} > 0$. Da $\xi_{\mathbf{k}'} < 0$ ist und $\xi_{\mathbf{k}} > 0$ sehr nahe an Null liegt (der entsprechende Zustand also sehr nahe an der Fermi-Kante), folgt dass $|\xi_{\mathbf{k}'}| < \xi_{\mathbf{k}}$ ebenfalls ungefähr Null ist. Da $\xi_{\mathbf{k}'+\mathbf{q}} > 0$ und $\xi_{\mathbf{k}-\mathbf{q}} > 0$ liegen auch die Streuzustände $|\mathbf{k} - \mathbf{q}\rangle$ und $|\mathbf{k}' + \mathbf{q}\rangle$ nahe an der Fermikante. Die beiden Summen in (1.36) sind also jeweils auf eine kleine Schale um die Fermioberfläche der Größe $\propto \epsilon_{\mathbf{k}} - \epsilon_F$ eingeschränkt, sodass sich insgesamt $\frac{1}{\tau_{\mathbf{k}}} \propto (\epsilon_{\mathbf{k}} - \epsilon_F)^2$ ergibt.

Wer sich mit dieser Abschätzung begnügen will, der kann an das Ende des Abschnitts springen. Das wesentliche Resultat haben wir damit schon kennengelernt. Für denjenigen, dem bei Abschätzungen unwohl ist und sich lieber an glasklaren Rechnungen orientiert, folgt nun die genaue Berechnung der Summen in Gl. (1.36).

Als erstes führen wir dabei die Summe über $\mathbf{k}'$ aus.

$$A(\omega_{\mathbf{q},\mathbf{k}}, \mathbf{q}) = \sum_{\mathbf{k}'} f_{\mathbf{k}'}^0 (1 - f_{\mathbf{k}'+\mathbf{q}}^0) \delta \left( \epsilon_{\mathbf{k}-\mathbf{q}} - \epsilon_{\mathbf{k}} - (\epsilon_{\mathbf{k}'} - \epsilon_{\mathbf{k}'+\mathbf{q}}) \right)$$

$$= \frac{V}{(2\pi)^3} \int d^3\mathbf{k}' \, f_{\mathbf{k}'}^0 (1 - f_{\mathbf{k}'+\mathbf{q}}^0) \delta \left( \epsilon_{\mathbf{k}'+\mathbf{q}} - \epsilon_{\mathbf{k}'} - \hbar\omega_{\mathbf{q},\mathbf{k}} \right) \qquad (1.37)$$

wobei $\hbar\omega_{\mathbf{q},\mathbf{k}} = \epsilon_{\mathbf{k}} - \epsilon_{\mathbf{k}-\mathbf{q}} = \frac{\hbar^2}{2m}\left[2\mathbf{k}\mathbf{q} - \mathbf{q}^2\right]$. Das Integrationsgebiet ist hierbei durch den Faktor $f^0_{\mathbf{k}'}(1 - f^0_{\mathbf{k}'+\mathbf{q}})$ auf die graue Fläche in Abb. 1.2 eingeschränkt. Die Integrationsgrenzen scheinen zunächst sehr kompliziert. Wir werden aber sehen, dass die Delta-Funktion die Integration sehr erleichtert. Zunächst transformieren wir das Integral in Zylinderkoordinaten, wobei die Achse des Zylinders in Richtung des $\mathbf{q}$-Vektors liegt. Die $\mathbf{k}'$-Koordinate parallel zu dieser Achse bezeichnen wir als $k'_{\|}$, die dazu senkrechte Koordinate als $k'_{\perp}$. Der Integrand hängt nicht von der Winkelkoordinate ab, sodass wir diese Integration leicht ausführen können, was einen Faktor $2\pi$ ergibt. Damit ergibt sich der Integralausdruck

$$A(\omega_{\mathbf{q},\mathbf{k}}, \mathbf{q}) = \frac{V}{(2\pi)^2}\int_{k_2}^{k_1} dk'_{\perp} k'_{\perp} \int_0^{k_F} dk'_{\|}\, \delta\left(\frac{\hbar^2\mathbf{q}^2}{2m} + \frac{\hbar^2 q k'_{\|}}{2m} - \hbar\omega_{\mathbf{q},\mathbf{k}}\right) \quad (1.38)$$

Die Delta-Funktion legt den Wert von $k'_{\|}$ auf $k'_{\|,0} = \frac{2m\omega_{\mathbf{q},\mathbf{k}} - \hbar\mathbf{q}^2}{2\hbar q}$ fest (gestrichelte Linie in Abb. 1.2). Die Integrationsgrenzen von $k'_{\perp}$ sind dann durch $k_1^2 = k_F^2 - (k'_{\|,0})^2$ und $k_2^2 = k_F^2 - (k'_{\|,0} + q)^2$ gegeben. Die Integration von (1.38) ist nun leicht auszuführen. Mit der Zustandsdichte an der Fermi-Kante $g(\epsilon_F) = \frac{4V}{(2\pi)^2}\frac{1}{\hbar^3} m\sqrt{2m\epsilon_F}$ und der Fermi-Geschwindigkeit $v_F = \frac{\hbar k_F}{m}$ ergibt sich

$$A(\omega_{\mathbf{q},\mathbf{k}}, \mathbf{q}) = \frac{g(\epsilon_F)\omega_{\mathbf{q},\mathbf{k}}}{2q v_F} \qquad (1.39)$$

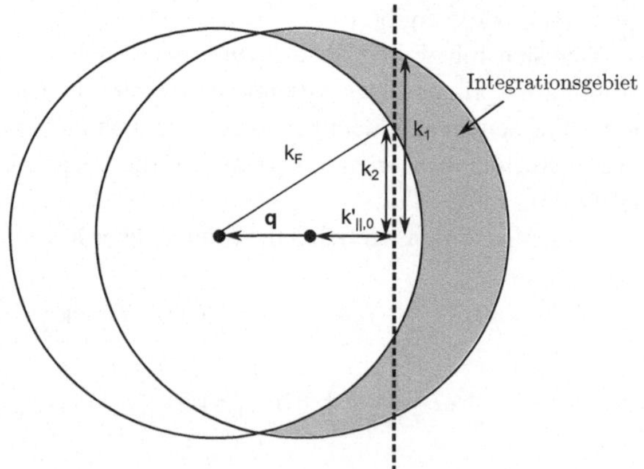



**Abb. 1.2** Integrationsgrenzen bei der Berechnung des Integrals (1.37)

Damit haben wir den ersten Teil der Berechnung der Lebensdauer $\frac{1}{\tau_{\mathbf{k}}}$ in (1.36) schon einmal hinter uns gebracht. Es verbleibt die Summe über $\mathbf{q}$ auszuführen

$$
\begin{aligned}
\frac{1}{\tau_{\mathbf{k}}} &= \frac{2\pi}{\hbar} \sum_{\mathbf{q},s'} |V(\mathbf{q})|^2 \left(1 - f^0_{\mathbf{k}-\mathbf{q}}\right) A(\omega_{\mathbf{q},\mathbf{k}}, \mathbf{q}) \\
&= \frac{2\pi}{\hbar} \frac{g(\epsilon_F)}{v_F} \sum_{\mathbf{q}} |V(\mathbf{q})|^2 \left(1 - f^0_{\mathbf{k}-\mathbf{q}}\right) \frac{\omega_{\mathbf{q},\mathbf{k}}}{q} \\
&= \frac{g(\epsilon_F)V}{(2\pi)^2 \hbar v_F} \int \mathrm{d}^3\mathbf{q}\, |V(\mathbf{q})|^2 \left(1 - f^0_{\mathbf{k}-\mathbf{q}}\right) \frac{\omega_{\mathbf{q},\mathbf{k}}}{q}
\end{aligned}
\tag{1.40}
$$

Die Integrationsgrenzen werden wiederum durch den Faktor $1 - f^0_{\mathbf{k}-\mathbf{q}}$ festgelegt: Es wird nur über $\mathbf{q}$-Werte integriert, die außerhalb einer Kugel mit Radius $k_F$ um $\mathbf{k}$ liegen. Hieraus ergeben sich die beiden Bedingungen (1) $k^2 \geq (\mathbf{k} - \mathbf{q})^2$ und (2) $(\mathbf{k}-\mathbf{q})^2 \geq k_F^2$. Wenn wir die $\mathbf{q}$-Integration in Kugelkoordinaten ausführen und mit $\theta$ den Winkel zwischen $\mathbf{k}$ und $\mathbf{q}$ bezeichnen, ergibt sich aus (1) $\cos(\theta) \geq \frac{q}{2k} \equiv \cos(\theta_1)$ und aus (2) $\cos(\theta) \leq \frac{k^2 - k_F^2 + q^2}{2kq} \equiv \cos(\theta_2)$. Damit sind die Integrationsgrenzen der $\theta$-Integration festgelegt und wir erhalten das Integral

$$
\begin{aligned}
\frac{1}{\tau_{\mathbf{k}}} &= \frac{g(\epsilon_F)V}{2\pi \hbar v_F} \int \mathrm{d}q\, |V(q)|^2 q^2 \int_{\cos(\theta_2)}^{\cos(\theta_1)} \mathrm{d}\cos(\theta)\, (2k\cos(\theta) - q) \\
&= \frac{g(\epsilon_F)V}{2\pi \hbar v_F} \int \mathrm{d}q\, |V(q)|^2 q^2 \left[ -\frac{1}{4k} (2k\cos(\theta) - q)^2 \right]_{\theta_1}^{\theta_2} \\
&= \frac{g(\epsilon_F)V}{2\pi \hbar v_F} \int \mathrm{d}q\, |V(q)|^2 \frac{1}{4k} \left(k^2 - k_F^2\right)^2 .
\end{aligned}
$$

Wenn wir nun $k$ durch $k_F$ nähren, ergibt sich

$$
\frac{1}{\tau_{\mathbf{k}}} \approx \frac{g(\epsilon_F)V}{2\pi v_F^2} \frac{m}{\hbar^4} (\epsilon_{\mathbf{k}} - \epsilon_F)^2 \int \mathrm{d}q\, |V(q)|^2 .
\tag{1.41}
$$

Das Integral über $q$ erstreckt sich formal von 0 bis $\infty$. Der Limes $q \to \infty$ entspricht dabei beliebig kleinen Längenskalen, was für einen Festkörper aber unrealistisch ist. Es macht daher Sinn das Integral nach oben durch einen Cutoff, der zum Beispiel einer inversen Gitterkonstante entspricht, abzuschneiden. Interessanter ist der Limes $q \to 0$, der beliebig großen Längenskalen entspricht. Da wir uns anfangs auf eine kurzreichweitige Wechselwirkung beschränkt haben, stellt dieser Limes für uns kein Problem dar. Bei langreichweitigen Wechselwirkungen wie etwa der

Coulomb-Wechselwirkung $V(q) \propto \frac{1}{q^2}$ divergiert hingegen das Integral, sodass die Lebensdauer des Quasiteilchens $\to 0$ geht.

Als wichtigstes Resultat dieses Abschnitts können wir festhalten

**Lebensdauer eines Quasiteilchens**

$$\frac{1}{\tau_{\mathbf{k}}} \propto (\epsilon_{\mathbf{k}} - \epsilon_F)^2 \tag{1.42}$$

Die Lebensdauer wird daher für Teilchen an der Fermi-Energie beliebig groß. Genauer kann man dann von einem langlebigen Quasiteilchen sprechen, wenn dessen Energie $\epsilon_{\mathbf{k}} - \epsilon_F$ sehr viel größer als seine Verfallsrate ist, wenn also gilt

$$\lim_{\epsilon_{\mathbf{k}} \to \epsilon_F} \frac{\hbar/\tau_{\mathbf{k}}}{(\epsilon_{\mathbf{k}} - \epsilon_F)} = 0 \tag{1.43}$$

Aufgrund von (1.42) ist dies erfüllt.

## 1.2.2  Statistik der Quasiteilchen

Das physikalische Verhalten eines Metalls wird von Zuständen mit vielen Quasiteilchen bestimmt, zu deren Beschreibung man die Methoden der statistischen Mechanik benötigt. Landau zeigte, dass diese Beschreibung mit nur wenigen Grundannahmen möglich ist. Mit $n_{\mathbf{k},\sigma}$ bezeichnen wir die Besetzungszahl eines Einteilchenzustands mit Impuls $\mathbf{k}$ und Spin $\sigma$. Im Grundzustand sind alle Einteilchenzustände unterhalb der Fermienergie besetzt. Wir können diesen also durch eine Theta-Funktion $n^0_{\mathbf{k},\sigma} = \Theta\left(\epsilon_F - \epsilon_{\mathbf{k},\sigma}\right)$ beschreiben. Eine Anregung aus diesem Grundzustand ergibt sich dann durch die Differenz

$$\delta n_{\mathbf{k},\sigma} = n_{\mathbf{k},\sigma} - n^0_{\mathbf{k},\sigma}. \tag{1.44}$$

Diese Differenz beträgt für Quasiteilchen-Anregungen $\delta n_{\mathbf{k},\sigma} = 0, 1$ und für Quasiloch-Anregungen $\delta n_{\mathbf{k},\sigma} = 0, -1$. Landau nahm nun an, dass man die Energie eines Vielteilchen-Zustands nach diesen Anregungen $\delta n_{\mathbf{k},\sigma}$ entwickeln kann, also

$$E\left[\delta n\right] = \sum_{\mathbf{k},\sigma} \left(\epsilon^0_{\mathbf{k},\sigma} - \mu\right) \delta n_{\mathbf{k},\sigma} + \frac{1}{2} \sum_{\substack{\mathbf{k},\mathbf{k}' \\ \sigma,\sigma'}} \delta n_{\mathbf{k},\sigma} u_{\sigma,\sigma'}\left(\mathbf{k}, \mathbf{k}'\right) \delta n_{\mathbf{k}',\sigma'} + ... \tag{1.45}$$

Hierbei ist $\epsilon_{\mathbf{k},\sigma}^{0}$ die Dispersion der nichtwechselwirkenden Elektronen und $u_{\sigma,\sigma'}$ $(\mathbf{k}, \mathbf{k}')$ beschreibt die Quasiteilchen-Wechselwirkung.

Aufbauend auf dieser Annahme ist es nun möglich, zu einer thermodynamischen Beschreibung der Quasiteilchen bei endlichen Temperaturen überzugehen. Der Ausgangspunkt hierbei ist die großkanonische Zustandssumme der Quasiteilchen

$$Z_{GK} = \sum_{\substack{\delta n_{\mathbf{k}_1,\sigma_1}, \\ \delta n_{\mathbf{k}_2,\sigma_2}\cdots}} \exp\left[-\beta\left(\sum_{\mathbf{k},\sigma}\left(\epsilon_{\mathbf{k},\sigma}^{0} - \mu\right)\delta n_{\mathbf{k},\sigma} + \frac{1}{2}\sum_{\substack{\mathbf{k},\mathbf{k}' \\ \sigma,\sigma'}} \delta n_{\mathbf{k},\sigma} u_{\sigma,\sigma'}\left(\mathbf{k}, \mathbf{k}'\right)\delta n_{\mathbf{k}',\sigma'}\right)\right] \tag{1.46}$$

Aufgrund des Wechselwirkungsterms ist die Ausführung der Zustandssumme sehr schwierig. Wenn die Schwankungen der Besetzungszahlen $\delta n_{\mathbf{k},\sigma}$ um den Erwartungswert $\delta f_{\mathbf{k},\sigma} = \langle \delta n_{\mathbf{k},\sigma}\rangle$ allerdings nur sehr gering sind, können wir eine Mean-Field-Näherung machen. Hierzu schreiben wir $\delta n_{\mathbf{k},\sigma} = \delta f_{\mathbf{k},\sigma} + (\delta n_{\mathbf{k},\sigma} - \delta f_{\mathbf{k},\sigma})$ und berücksichtigen in der Summe nur Terme linear in $\delta n_{\mathbf{k},\sigma} - \delta f_{\mathbf{k},\sigma}$. Damit ergibt sich

$$\begin{aligned} Z_{GK} = \sum_{\substack{\delta n_{\mathbf{k}_1,\sigma_1}, \\ \delta n_{\mathbf{k}_2,\sigma_2}\cdots}} \exp\Bigg[&-\beta\sum_{\mathbf{k},\sigma}\left[\epsilon_{\mathbf{k},\sigma}^{0} - \mu + \sum_{\mathbf{k}',\sigma'} u_{\sigma,\sigma'}\left(\mathbf{k}, \mathbf{k}'\right)\delta f_{\mathbf{k}',\sigma'}\right]\delta n_{\mathbf{k},\sigma} \\ &+ \beta\frac{1}{2}\sum_{\substack{\mathbf{k},\mathbf{k}' \\ \sigma,\sigma'}} \delta f_{\mathbf{k},\sigma} u_{\sigma,\sigma'}\left(\mathbf{k}, \mathbf{k}'\right)\delta f_{\mathbf{k}',\sigma'}\Bigg] \end{aligned} \tag{1.47}$$

Da der Wechselwirkungsterm in (1.47) nach der Mean-Field-Nährung nicht mehr von den $n_{\mathbf{k},\sigma}$ abhängt, kann er vor die Summe gezogen werden. Außerdem führen wir die Größe $\epsilon_{\mathbf{k},\sigma}$ ein. Dies ist die Energie, die benötigt wird, um ein Quasiteilchen mit Impuls $\mathbf{k}$ und Spin $\sigma$ oberhalb der Fermi-Energie hinzuzufügen.

$$\epsilon_{\mathbf{k},\sigma} = \epsilon_{\mathbf{k},\sigma}^{0} + \sum_{\mathbf{k}',\sigma'} u_{\sigma,\sigma'}\left(\mathbf{k}, \mathbf{k}'\right)\delta f_{\mathbf{k}',\sigma'} \tag{1.48}$$

Der zweite Term beschreibt hierbei die Wechselwirkung mit den übrigen Quasiteilchen. Damit ergibt sich

$$Z_{GK} = \prod_{\substack{\mathbf{k},\mathbf{k}' \\ \sigma,\sigma'}} \exp\left[\beta \frac{1}{2} \delta f_{\mathbf{k},\sigma} u_{\sigma,\sigma'}\left(\mathbf{k},\mathbf{k}'\right) \delta f_{\mathbf{k}',\sigma'}\right] \sum_{\substack{\delta n_{\mathbf{k}_1,\sigma_1}, \\ \delta n_{\mathbf{k}_2,\sigma_2},\cdots}} \prod_{\mathbf{k},\sigma} \exp\left[-\beta\left(\epsilon_{\mathbf{k},\sigma} - \mu\right) \delta n_{\mathbf{k},\sigma}\right]$$

$$(1.49)$$

$$= \prod_{\substack{\mathbf{k},\mathbf{k}' \\ \sigma,\sigma'}} \exp\left[\beta \frac{1}{2} \delta f_{\mathbf{k},\sigma} u_{\sigma,\sigma'}\left(\mathbf{k},\mathbf{k}'\right) \delta f_{\mathbf{k}',\sigma'}\right] \prod_{\mathbf{k},\sigma} \left[1 + \exp\left[-\beta\left(\epsilon_{\mathbf{k},\sigma} - \mu\right) s_{\mathbf{k},\sigma}\right]\right]$$

$$(1.50)$$

Die Größe $s_{\mathbf{k},\sigma}$ ist $= +1$ für Quasiteilchen und $= -1$ für Quasilöcher.

Mit (1.47) können wir den Erwartungswert der Besetzungszahl $\delta f_{\mathbf{k},\sigma} = \langle \delta n_{\mathbf{k},\sigma}\rangle$ bestimmen.

$$\delta f_{\mathbf{k},\sigma} = \frac{1}{Z_{GK}} \prod_{\substack{\mathbf{k},\mathbf{k}' \\ \sigma,\sigma'}} \exp\left[\beta \frac{1}{2} \delta f_{\mathbf{k},\sigma} u_{\sigma,\sigma'}\left(\mathbf{k},\mathbf{k}'\right) \delta f_{\mathbf{k}',\sigma'}\right]$$

$$\left[\sum_{\substack{\delta n_{\mathbf{k}_1,\sigma_1}, \\ \delta n_{\mathbf{k}_2,\sigma_2},\cdots}}\right] \delta n_{\mathbf{k},\sigma} \prod_{\mathbf{k},\sigma} \exp\left[-\beta\left(\epsilon_{\mathbf{k},\sigma} - \mu\right) \delta n_{\mathbf{k},\sigma}\right] \qquad (1.51)$$

Der Wechselwirkungsterm kürzt sich dabei heraus und wir erhalten das gleiche Ergebnis wie bei freien Elektronen

$$\delta f_{\mathbf{k},\sigma} = \frac{s_{\mathbf{k},\sigma}}{\exp\left[\beta s_{\mathbf{k},\sigma}\left(\epsilon_{\mathbf{k},\sigma} - \mu\right)\right] + 1} = \frac{1}{\exp\left[\beta\left(\epsilon_{\mathbf{k},\sigma} - \mu\right)\right] + 1} - \Theta\left(\epsilon_F - \epsilon_{\mathbf{k},\sigma}\right)$$

$$(1.52)$$

Man beachte, dass Gl. (1.52) auf der rechten Seite über $\epsilon_{\mathbf{k},\sigma}$ wiederum von $\delta f_{\mathbf{k},\sigma}$ abhängt. Die Lösung muss daher selbstkonsistent bestimmt werden.

### 1.2.3 Spezifische Wärme

Wir hatten im Abschn. 1.1.3 gesehen, dass die spezifische Wärme freier Elektronen im Sommerfeld-Modell durch

$$C_V = \frac{\pi^2}{3} g(\epsilon_F) k_B^2 T \qquad (1.53)$$

gegeben ist.

Im Folgenden werden wir nun einen ähnlichen Ausdruck für die spezifische Wärme der Quasiteilchen ausrechnen. Dabei gehen wir von dem Energie-Funktional (1.45) aus, wobei wir die Besetzungszahl $\delta n_{\mathbf{k},\sigma}$ durch deren Erwartungswert $\delta f_{\mathbf{k},\sigma}$ ersetzen.

$$
\begin{aligned}
C_V &= \frac{\partial E\left[\delta f\right]}{\partial T}\bigg|_{V,N} \\[2mm]
&= \frac{\partial}{\partial T}\left[\sum_{\mathbf{k},\sigma}\left(\epsilon^0_{\mathbf{k},\sigma}-\mu\right)\delta f_{\mathbf{k},\sigma}+\frac{1}{2}\sum_{\substack{\mathbf{k},\mathbf{k}' \\ \sigma,\sigma'}}\delta f_{\mathbf{k},\sigma}u_{\sigma,\sigma'}\left(\mathbf{k},\mathbf{k}'\right)\delta f_{\mathbf{k}',\sigma'}\right] \\[2mm]
&= \sum_{\mathbf{k},\sigma}\left(\epsilon_{\mathbf{k},\sigma}-\mu\right)\frac{\partial\delta f_{\mathbf{k},\sigma}}{\partial T}
\end{aligned}
\tag{1.54}
$$

Hierbei ist

$$
\begin{aligned}
\frac{\partial\delta f_{\mathbf{k},\sigma}}{\partial T} &= \frac{s_{\mathbf{k},\sigma}\,e^{\beta s_{\mathbf{k},\sigma}\left(\epsilon_{\mathbf{k},\sigma}-\mu\right)}}{\left[e^{\beta s_{\mathbf{k},\sigma}\left(\epsilon_{\mathbf{k},\sigma}-\mu\right)}+1\right]^2}\left[\frac{s_{\mathbf{k},\sigma}}{k_B T^2}\left(\epsilon_{\mathbf{k},\sigma}-\mu\right)-\frac{s_{\mathbf{k},\sigma}}{k_B T}\sum_{\mathbf{k}',\sigma'}u_{\sigma,\sigma'}\left(\mathbf{k},\mathbf{k}'\right)\frac{\partial\delta f_{\mathbf{k}',\sigma'}}{\partial T}\right. \\[2mm]
&\qquad\left.+\frac{s_{\mathbf{k},\sigma}}{k_B T}\frac{\partial\mu}{\partial T}\right] \\[2mm]
&\approx \frac{e^{\beta s_{\mathbf{k},\sigma}\left(\epsilon_{\mathbf{k},\sigma}-\mu\right)}}{\left[e^{\beta s_{\mathbf{k},\sigma}\left(\epsilon_{\mathbf{k},\sigma}-\mu\right)}+1\right]^2}\frac{1}{k_B T^2}\left(\epsilon_{\mathbf{k},\sigma}-\mu\right)
\end{aligned}
\tag{1.55}
$$

Bei tiefen Temperaturen dominiert der erste Term in der eckigen Klammer, sodass wir den zweiten und dritten Term gegenüber diesem vernachlässigen. Eingesetzt in (1.54) ergibt sich:

$$
\begin{aligned}
C_V &= \sum_{\mathbf{k},\sigma}\frac{1}{k_B T^2}\left(\epsilon_{\mathbf{k},\sigma}-\mu\right)^2\frac{e^{\beta s_{\mathbf{k},\sigma}\left(\epsilon_{\mathbf{k},\sigma}-\mu\right)}}{\left[e^{\beta s_{\mathbf{k},\sigma}\left(\epsilon_{\mathbf{k},\sigma}-\mu\right)}+1\right]^2} \\[2mm]
&= \sum_{\mathbf{k},\sigma}\frac{1}{k_B T^2}\left(\epsilon_{\mathbf{k},\sigma}-\mu\right)^2\frac{e^{\beta\left(\epsilon_{\mathbf{k},\sigma}-\mu\right)}}{\left[e^{\beta\left(\epsilon_{\mathbf{k},\sigma}-\mu\right)}+1\right]^2}
\end{aligned}
\tag{1.56}
$$

Wenn wir die $\mathbf{k}$-Summe in ein Integral über die Energie $\epsilon$ umformen, ergibt sich

$$C_V = \int d\epsilon\, \tilde{g}(\epsilon)\frac{1}{k_B T^2}(\epsilon - \mu)^2 \frac{e^{\beta(\epsilon-\mu)}}{\left[e^{\beta(\epsilon-\mu)} + 1\right]^2} \tag{1.57}$$

mit der Zustandsdichte $\tilde{g}(\epsilon) = \sum_{\mathbf{k},\sigma} \delta\left(\epsilon_{\mathbf{k},\sigma} - \epsilon\right)$. Das Integral enthält die Ableitung der Fermi-Funktion $\frac{d}{d\epsilon}f(\epsilon) = -\frac{1}{k_B T}\frac{e^{\beta(\epsilon-\mu)}}{\left[e^{\beta(\epsilon-\mu)}+1\right]^2}$. Damit folgt

$$C_V = -\frac{1}{T}\int d\epsilon\, \tilde{g}(\epsilon)\,(\epsilon - \mu)^2\, f'(\epsilon) \tag{1.58}$$

Mit der Sommerfeld-Entwicklung (1.15) gelangen wir schließlich zum Endergebnis

**Spezifische Wärme einer Fermiflüssigkeit**

$$C_V = \frac{\pi^2}{3}\tilde{g}(\mu)k_B^2 T \tag{1.59}$$

## 1.2.4 Effektive Masse

Um einen Ausdruck für die Zustandsdichte der Quasiteilchen $\tilde{g}(\epsilon_F)$ zu erhalten, werten wir das entsprechende Integral aus.

$$\begin{aligned}
\tilde{g}\,(\epsilon_F) &= \sum_{\mathbf{k},\sigma} \delta\,(\epsilon_{\mathbf{k}} - \epsilon_F) \\
&= 2\frac{V}{(2\pi)^3}\int d^3\mathbf{k}\,\delta\,(\epsilon_{\mathbf{k}} - \epsilon_F) \\
&= \frac{V}{\pi^2}\int dk\, k^2 \delta\,(\epsilon_k - \epsilon_F) \\
&= \frac{V}{\pi^2}\int dk\, k^2 \frac{\delta\,(k - k_F)}{\left|\frac{\partial\epsilon}{\partial k}(k_F)\right|}
\end{aligned} \tag{1.60}$$

Mit der Definition der effektiven Masse $m^*$

$$v_F = \frac{1}{\hbar}\left|\frac{\partial\epsilon}{\partial k}(k_F)\right| = \frac{\hbar k_F}{m^*} \tag{1.61}$$

ergibt sich

$$\tilde{g}(\epsilon_F) = \frac{V}{\pi^2 \hbar^2} m^* k_F \tag{1.62}$$

In einem translationsinvarianten System können wir eine Beziehung zwischen der effektiven Masse $m^*$ und der Quasiteilchenwechselwirkung $u_{\sigma\sigma'}(\mathbf{k}, \mathbf{k}')$ herleiten. Hierzu stellen wir uns vor, dass alle Quasiteilchen einen Impuls $\hbar\mathbf{q}$ erhalten (mit $|\mathbf{q}|$ klein gegenüber dem Fermi-Impuls $k_F$). Dann ergibt sich die Quasiteilchen-Verteilungsfunktion zu

$$\delta f_{\mathbf{k},\sigma} = f^0(\mathbf{k}+\mathbf{q}, \sigma) - f^0(\mathbf{k}, \sigma) \approx \mathbf{q}\nabla_{\mathbf{k}} f^0_{\mathbf{k},\sigma} \tag{1.63}$$

Nun betrachten wir den Teilchenfluss der Quasiteilchen, dessen Flussdichte durch

$$\mathbf{J}_{\mathrm{QP}} = \sum_{\mathbf{k},\sigma} \mathbf{v}_{\mathbf{k},\sigma} f_{\mathbf{k},\sigma} \tag{1.64}$$

gegeben ist. Hierbei ist $\mathbf{v}_{\mathbf{k},\sigma}$ die Geschwindigkeit der Quasiteilchen, welche sich nach

$$\begin{aligned}
\mathbf{v}_{\mathbf{k},\sigma} &= \frac{1}{\hbar}\nabla_{\mathbf{k}}\epsilon_{\mathbf{k},\sigma} \\
&= \frac{1}{\hbar}\left(\nabla_{\mathbf{k}}\epsilon^0_{\mathbf{k},\sigma} + \sum_{\mathbf{k}',\sigma'}\frac{1}{\hbar}\nabla_{\mathbf{k}}u_{\sigma\sigma'}(\mathbf{k}, \mathbf{k}')\,\delta f_{\mathbf{k}',\sigma'}\right)
\end{aligned} \tag{1.65}$$

berechnet. Damit ergibt sich:

$$\begin{aligned}
\mathbf{J}_{\mathrm{QP}} &= \sum_{\mathbf{k},\sigma}\frac{1}{\hbar}\nabla_{\mathbf{k}}\epsilon^0_{\mathbf{k},\sigma}\,f_{\mathbf{k},\sigma} + \sum_{\substack{\mathbf{k},\mathbf{k}'\\\sigma\sigma'}} f_{\mathbf{k},\sigma}\frac{1}{\hbar}\nabla_{\mathbf{k}}u_{\sigma\sigma'}(\mathbf{k}, \mathbf{k}')\delta f_{\mathbf{k}',\sigma'} \\
&= \sum_{\mathbf{k},\sigma}\frac{1}{\hbar}\nabla_{\mathbf{k}}\epsilon^0_{\mathbf{k},\sigma}\,\delta f_{\mathbf{k},\sigma} + \sum_{\substack{\mathbf{k},\mathbf{k}'\\\sigma\sigma'}}\left(f^0_{\mathbf{k},\sigma} + \delta f_{\mathbf{k},\sigma}\right)\frac{1}{\hbar}\nabla_{\mathbf{k}}u_{\sigma\sigma'}(\mathbf{k}, \mathbf{k}')\delta f_{\mathbf{k}',\sigma'} \\
&= \sum_{\mathbf{k},\sigma}\frac{1}{\hbar}\nabla_{\mathbf{k}}\epsilon_{\mathbf{k},\sigma}\,\delta f_{\mathbf{k},\sigma} + \sum_{\substack{\mathbf{k},\mathbf{k}'\\\sigma\sigma'}} f^0_{\mathbf{k},\sigma}\frac{1}{\hbar}\nabla_{\mathbf{k}}u_{\sigma\sigma'}(\mathbf{k}, \mathbf{k}')\delta f_{\mathbf{k}',\sigma'}
\end{aligned} \tag{1.66}$$

Hierbei haben wir die Gl. (1.44) und (1.48) benutzt. Im zweiten Term ersetzen wir nun die Summe $\sum_{\mathbf{k}}$ durch das Integral $\frac{V}{(2\pi)^3} \int d\mathbf{k}$ und integrieren partiell, sodass die Ableitung $\nabla_{\mathbf{k}}$ zur Verteilungsfunktion $f^0_{\mathbf{k},\sigma}$ wandert. Danach schreiben wir das Integral wieder als Summe.

$$\mathbf{J}_{\text{QP}} = \sum_{\mathbf{k},\sigma} \frac{1}{\hbar} \nabla_{\mathbf{k}} \epsilon_{\mathbf{k},\sigma} \delta f_{\mathbf{k},\sigma} - \sum_{\substack{\mathbf{k},\mathbf{k}' \\ \sigma\sigma'}} \frac{1}{\hbar} \left( \nabla_{\mathbf{k}} f^0_{\mathbf{k},\sigma} \right) u_{\sigma,\sigma'}(\mathbf{k},\mathbf{k}') \delta f_{\mathbf{k}',\sigma'}$$

$$= \sum_{\mathbf{k},\sigma} \frac{1}{\hbar} \nabla_{\mathbf{k}} \epsilon_{\mathbf{k},\sigma} \delta f_{\mathbf{k},\sigma} + \sum_{\substack{\mathbf{k},\mathbf{k}' \\ \sigma\sigma'}} \frac{1}{\hbar} \left( \nabla_{\mathbf{k}'} \epsilon_{\mathbf{k}',\sigma'} \right) \delta \left( \epsilon_{\mathbf{k}',\sigma'} - \epsilon_F \right) u_{\sigma,\sigma'} \left( \mathbf{k}, \mathbf{k}' \right) \delta f_{\mathbf{k},\sigma}$$

$$(1.67)$$

In der letzten Zeile haben wir $\nabla_{\mathbf{k}} f^0_{\mathbf{k},\sigma} = \nabla_{\mathbf{k}} \Theta \left( \epsilon_F - \epsilon_{\mathbf{k},\sigma} \right) = -\nabla_{\mathbf{k}} \epsilon_{\mathbf{k},\sigma} \delta \left( \epsilon_F - \epsilon_{\mathbf{k},\sigma} \right)$ und die Relation $u_{\sigma,\sigma'} \left( \mathbf{k}, \mathbf{k}' \right) = u_{\sigma',\sigma} \left( \mathbf{k}', \mathbf{k} \right)$ benutzt. Mit Gl. (1.65) folgt weiter:

$$\mathbf{J}_{\text{QP}} = \sum_{\mathbf{k},\sigma} \mathbf{v}_{\mathbf{k},\sigma} \delta f_{\mathbf{k},\sigma} + \sum_{\substack{\mathbf{k},\mathbf{k}' \\ \sigma\sigma'}} \mathbf{v}_{\mathbf{k}',\sigma'} \delta \left( \epsilon_{\mathbf{k}',\sigma'} - \epsilon_F \right) u_{\sigma,\sigma'} \left( \mathbf{k}, \mathbf{k}' \right) \delta f_{\mathbf{k},\sigma}$$

$$= \sum_{\mathbf{k},\sigma} \frac{\hbar \mathbf{k}}{m^*} \delta f_{\mathbf{k},\sigma} + \sum_{\substack{\mathbf{k},\mathbf{k}' \\ \sigma\sigma'}} \frac{\hbar \mathbf{k}'}{m^*} \delta \left( \epsilon_{\mathbf{k}',\sigma'} - \epsilon_F \right) u_{\sigma,\sigma'} \left( \mathbf{k}, \mathbf{k}' \right) \delta f_{\mathbf{k},\sigma}, \qquad (1.68)$$

wobei wir in der zweiten Zeile die Geschwindigkeit $\mathbf{v}_{\mathbf{k},\sigma}$ durch $\frac{\hbar \mathbf{k}}{m^*}$ ausgedrückt haben. Dieser Schritt ist gerechtfertigt, da $\delta f_{\mathbf{k},\sigma}$ stark um die Fermischale konzentriert ist.

Im zweiten Schritt berechnen wir den Teilchenfluss im Elektronenbild. Aufgrund der Eins-zu-Eins-Korrespondenz zwischen Elektronen und Quasiteilchen ergibt sich hier die Flussdichte, da alle Elektronen den gleichen Impuls $\hbar \mathbf{q}$ tragen, zu

$$\mathbf{J}_{\text{P}} = \frac{N \hbar q}{m} = \sum_{\mathbf{k},\sigma} \frac{\hbar \mathbf{k}}{m} f_{\mathbf{k},\sigma} = \sum_{\mathbf{k},\sigma} \frac{\hbar \mathbf{k}}{m} \delta f_{\mathbf{k},\sigma} \qquad (1.69)$$

mit der Elektronenmasse $m$. Da beide Standpunkte äquivalent sind, ist der resultierende Strom in (1.68) und (1.69) identisch, $\mathbf{J}_{\text{QP}} = \mathbf{J}_{\text{P}}$. Der Vergleich beider Ausdrücke ergibt

$$\frac{m^*}{m} = 1 + \sum_{\mathbf{k}',\sigma'} u_{\sigma,\sigma'}\left(\mathbf{k},\mathbf{k}'\right) \frac{\mathbf{k}\mathbf{k}'}{k_F^2} \delta\left(\epsilon_{\mathbf{k}',\sigma'} - \epsilon_F\right) \tag{1.70}$$

Dabei haben wir auf beiden Seiten das Skalarprodukt mit $\mathbf{k}$ gebildet und benutzt, dass die Impulse auf der Fermifläche liegen.

Mit der Zustandsdichte $\tilde{g}(\epsilon_F) = \frac{2V}{(2\pi)^3} 4\pi \int \mathrm{d}k\, k^2 \delta\left(\epsilon_{\mathbf{k}'} - \epsilon_F\right)$ können wir nun diesen Ausdruck weiter vereinfachen. Da die Vektoren $\mathbf{k}$ und $\mathbf{k}'$ beide auf der Fermifläche liegen ist die Wechselwirkung effektiv nur von dem Winkel zwischen beiden Vektoren $\theta$ abhängig und wir schreiben $u_{\sigma,\sigma'}\left(\mathbf{k},\mathbf{k}'\right) = u_{\sigma,\sigma'}\left(\cos(\theta)\right)$. Damit ergibt sich

$$\begin{aligned}
\frac{m^*}{m} &= 1 + \frac{V}{(2\pi)^3} \sum_{\sigma'} \int \mathrm{d}k'\, k'^2 \mathrm{d}\Omega\, u_{\sigma,\sigma'}\left(\cos(\theta)\right) \cos\left(\theta\right) \delta\left(\epsilon_{\mathbf{k}'} - \epsilon_F\right) \\
&= 1 + \frac{\tilde{g}(\epsilon_F)}{4} \sum_{\sigma'} \int_{-1}^{+1} \mathrm{d}(\cos(\theta))\, u_{\sigma,\sigma'}\left(\cos(\theta)\right) \cos\left(\theta\right)
\end{aligned} \tag{1.71}$$

## 1.2.5  Landauparameter

Wenn kein äußeres Magnetfeld anliegt, können wir Spin-Rotationsinvarianz annehmen. Die Wechselwirkung kann dann in eine symmetrische und eine antisymmetrische Kombination zerlegt werden.

$$u_{\uparrow,\uparrow}(\mathbf{k},\mathbf{k}') = u_{\downarrow,\downarrow}(\mathbf{k},\mathbf{k}') = u^s(\mathbf{k},\mathbf{k}') + u^a(\mathbf{k},\mathbf{k}') \tag{1.72}$$

$$u_{\uparrow,\downarrow}(\mathbf{k},\mathbf{k}') = u_{\downarrow,\uparrow}(\mathbf{k},\mathbf{k}') = u^s(\mathbf{k},\mathbf{k}') - u^a(\mathbf{k},\mathbf{k}') \tag{1.73}$$

Wie wir bereits im vorigen Abschnitt benutzt haben, hängt die Wechselwirkung, da die Impulsvektoren auf der Fermifläche liegen nur vom Winkel zwischen $\mathbf{k}$ und $\mathbf{k}'$ ab. Wir können die Wechselwirkung daher nach Legendrepolynomen entwickeln.

$$u^s\left(\cos(\theta)\right) = \sum_{l=0}^{\infty} u_l^s P_l\left(\cos(\theta)\right) \tag{1.74}$$

$$u^a\left(\cos(\theta)\right) = \sum_{l=0}^{\infty} u_l^a P_l\left(\cos(\theta)\right) \tag{1.75}$$

Die Invertierung dieser Beziehung lautet

$$u_l^s = \frac{2l+1}{2} \int_{-1}^{+1} d\left(\cos(\theta)\right) P_l\left(\cos(\theta)\right) \frac{u_{\uparrow,\uparrow}\left(\cos(\theta)\right) + u_{\uparrow,\downarrow}\left(\cos(\theta)\right)}{2}$$

$$(1.76)$$

$$u_l^a = \frac{2l+1}{2} \int_{-1}^{+1} d\left(\cos(\theta)\right) P_l\left(\cos(\theta)\right) \frac{u_{\uparrow,\uparrow}\left(\cos(\theta)\right) - u_{\uparrow,\downarrow}\left(\cos(\theta)\right)}{2}$$

$$(1.77)$$

Die Wechselwirkung $u_l^{s/a}$ hat die Einheit Energie. Da wir aber mit einer dimensionslosen Größe arbeiten wollen, multiplizieren wir diese mit der Zustandsdichte $\tilde{g}(\epsilon_F)$. Damit erhalten wir

$$F_l^s = \tilde{g}(\epsilon_F) u_l^s, \quad F_l^a = \tilde{g}(\epsilon_F) u_l^a. \tag{1.78}$$

Diese werden als Landau- oder auch Fermiflüssigkeitsparameter bezeichnet.

Da $P_1\left(\cos(\theta)\right) = \cos(\theta)$ können wir nun Gl. (1.71) umschreiben zu

$$\frac{m^*}{m} = 1 + \frac{1}{3}\tilde{g}(\epsilon_F)\frac{3}{2} \int_{-1}^{+1} d\left(\cos(\theta)\right) P_1\left(\cos(\theta)\right) \frac{u_{\uparrow,\uparrow}\left(\cos(\theta)\right) + u_{\uparrow,\downarrow}\left(\cos(\theta)\right)}{2}$$

$$= 1 + \frac{1}{3} F_1^s \tag{1.79}$$

Die Wärmekapazität (1.59) ergibt sich damit zu

$$C_V = \frac{\pi^2}{3}\tilde{g}(\epsilon_F) k_B^2 T = \frac{m^*}{m} C_V^0 = \left(1 + \frac{1}{3} F_1^s\right) C_V^0 \tag{1.80}$$

### 1.2.6   Kompressibilität

Als Nächstes berechnen wir die Kompressibilität einer Fermiflüssigkeit, welche definiert ist als

$$\kappa = -\frac{1}{V}\frac{\partial V}{\partial p}\bigg|_{T,N} \tag{1.81}$$

Betrachten wir zunächst den Fall freier Elektronen. Die Verschiebung der Einteilchen-Energien bei Änderung des äußeren Druckes ergibt sich zu

$$\begin{aligned}
\delta\epsilon_{\mathbf{k},\sigma}^{0} &= \frac{\partial\epsilon_{\mathbf{k},\sigma}^{0}}{\partial p}\delta p \\[2mm]
&= \underbrace{\nabla_{\mathbf{k}}\epsilon_{\mathbf{k},\sigma}^{0}}_{\hbar\mathbf{v}_{\mathbf{k},\sigma}^{0}}\,\underbrace{\frac{\partial\mathbf{k}}{\partial V}}_{-\frac{1}{3}\frac{\mathbf{k}}{V}}\,\underbrace{\frac{\partial V}{\partial p}}_{-V\kappa^{0}}\,\delta p \\[2mm]
&= \frac{1}{3}\hbar\mathbf{v}_{\mathbf{k},\sigma}^{0}\,\mathbf{k}\kappa^{0}\delta p \\[2mm]
&= \frac{2}{3}\epsilon_{\mathbf{k},\sigma}^{0}\kappa^{0}\delta p
\end{aligned} \tag{1.82}$$

Die Verschiebung der renormierten Quasiteilchen-Energien bei Änderung des äußeren Druckes ergibt hingegen

$$\delta\epsilon_{\mathbf{k},\sigma} = \frac{2}{3}\epsilon_{\mathbf{k},\sigma}\kappa\delta p \tag{1.83}$$

Andererseits ergibt sich mit Gl. (1.48)

$$\begin{aligned}
\delta\epsilon_{\mathbf{k},\sigma} &= \delta\epsilon_{\mathbf{k},\sigma}^{0} + \sum_{\mathbf{k}',\sigma'} u_{\sigma,\sigma'}\left(\mathbf{k},\mathbf{k}'\right)\delta f_{\mathbf{k}',\sigma'} \\[2mm]
&= \delta\epsilon_{\mathbf{k},\sigma}^{0} + \sum_{\mathbf{k}',\sigma'} u_{\sigma,\sigma'}\left(\mathbf{k},\mathbf{k}'\right)\frac{\partial f_{\mathbf{k}',\sigma'}}{\partial\epsilon_{\mathbf{k}',\sigma'}}\delta\epsilon_{\mathbf{k}',\sigma'} \\[2mm]
&= \delta\epsilon_{\mathbf{k},\sigma}^{0} - \sum_{\mathbf{k}',\sigma'} u_{\sigma,\sigma'}\left(\mathbf{k},\mathbf{k}'\right)\delta\left(\epsilon_{\mathbf{k}',\sigma'}-\epsilon_{F}\right)\delta\epsilon_{\mathbf{k}',\sigma'}
\end{aligned} \tag{1.84}$$

Wenn wir nun berücksichtigen, dass $\mathbf{k}$ auf der Fermioberfäche liegt, ergibt sich mit $\delta\epsilon_{\mathbf{k},\sigma}^{0} = \frac{2}{3}\left(1+\frac{1}{3}F_{1}^{s}\right)\epsilon_{F}\kappa^{0}\delta p$ nach Gleichsetzen von (1.83) und (1.84)

$$\begin{aligned}
\kappa &= \left(1+\frac{1}{3}F_{1}^{s}\right)\kappa^{0} - \sum_{\mathbf{k}',\sigma'} u_{\sigma,\sigma'}\left(\mathbf{k},\mathbf{k}'\right)\delta\left(\epsilon_{\mathbf{k}',\sigma'}-\epsilon_{F}\right)\kappa \\[2mm]
&= \left(1+\frac{1}{3}F_{1}^{s}\right)\kappa^{0} - \tilde{g}(\epsilon_{F})u_{0}^{s}\kappa
\end{aligned} \tag{1.85}$$

Mit $F_{0}^{s} = \tilde{g}(\epsilon_{F})u_{0}^{s}$ erhalten wir

> **Kompressibilität einer Fermiflüssigkeit**
>
> $$\kappa = \frac{\left(1 + \frac{1}{3} F_1^s\right) \kappa^0}{1 + F_0^s} \tag{1.86}$$

## 1.2.7  Spinsuszeptibilität

Nun verbleibt noch, die Spinsuszeptibilität der Fermiflüssigkeit zu bestimmen. Wir legen hierzu ein homogenes Magnetfeld $\mathbf{B} = B\mathbf{e}_z$ an, sodass sich die Quasiteilchenenergie um

$$\delta\epsilon_{\mathbf{k},\sigma} = -g\frac{\mu_B B}{2}\sigma + \sum_{\mathbf{k}',\sigma'} u_{\sigma,\sigma'}\left(\mathbf{k},\mathbf{k}'\right)\delta f_{\mathbf{k}',\sigma'} = -\tilde{g}\frac{\mu_B B}{2}\sigma + \mathcal{O}\left(B^2\right) \tag{1.87}$$

verschiebt. Hierbei bezeichnet $\tilde{g}$ den renormierten $g$-Faktor. Den zweiten Term können wir folgendermaßen umformen

$$\sum_{\mathbf{k}',\sigma'} u_{\sigma,\sigma'}\left(\mathbf{k},\mathbf{k}'\right)\delta f_{\mathbf{k}',\sigma'}$$

$$= \sum_{\mathbf{k}',\sigma'} u_{\sigma,\sigma'}\left(\mathbf{k},\mathbf{k}'\right)\frac{\partial f_{\mathbf{k}',\sigma'}}{\partial \epsilon_{\mathbf{k}',\sigma'}}\delta\epsilon_{\mathbf{k}',\sigma'}$$

$$= \sum_{\mathbf{k}',\sigma'} u_{\sigma,\sigma'}\left(\mathbf{k},\mathbf{k}'\right)\delta\left(\epsilon_{\mathbf{k}',\sigma'} - \epsilon_F\right)\tilde{g}\frac{\mu_B B}{2}\sigma' \tag{1.88}$$

Damit erhalten wir die Beziehung

$$\tilde{g} = g - \tilde{g}\sum_{\mathbf{k}',\sigma'} u_{\sigma,\sigma'}\left(\mathbf{k},\mathbf{k}'\right)\delta\left(\epsilon_{\mathbf{k}',\sigma'} - \epsilon_F\right)\sigma'$$

$$= g - \tilde{g}\sum_{\sigma'} \underbrace{2\tilde{g}_{\sigma'}(\epsilon_F)}_{\approx \tilde{g}(\epsilon_F)} \frac{1}{2}\int_{-1}^{+1} \mathrm{d}\left(\cos(\theta)\right)\frac{u_{\sigma,\sigma'}\left(\cos(\theta)\right)\sigma'}{2}$$

$$= g - \tilde{g}F_0^a \tag{1.89}$$

und damit

$$\tilde{g} = \frac{g}{1 + F_0^a} \tag{1.90}$$

Die Magnetisierung ergibt sich zu

$$
\begin{aligned}
M &= \frac{g\mu_B}{2} \sum_{\mathbf{k},\sigma} \sigma\, \delta f_{\mathbf{k},\sigma} \\
&= \frac{g\mu_B}{2} \sum_{\mathbf{k},\sigma} \sigma\, \frac{\partial f_{\mathbf{k},\sigma}}{\partial \epsilon_{\mathbf{k},\sigma}} \delta \epsilon_{\mathbf{k},\sigma} \\
&= \frac{g^2 \mu_B^2}{4} \tilde{g}(\epsilon_F) \frac{1}{1 + F_0^a} B
\end{aligned}
\tag{1.91}
$$

Damit erhalten wir das finale Ergebnis

**Spinsuszeptibilität einer Fermiflüssigkeit**

$$\chi = \frac{\partial M}{\partial B} = \frac{g^2 \mu_B^2}{4} \tilde{g}(\epsilon_F) \frac{1}{1 + F_0^a} = \chi^0 \frac{1 + \frac{1}{3} F_1^s}{1 + F_0^a} \tag{1.92}$$

wobei $\chi^0$ die Suszeptibilität des freien Fermigases ist.

Wie im Sommerfeld-Modell berechnen wir abschließend noch das Wilson-Verhältnis (1.33) einer Fermiflüssigkeit, also das Verhältnis der magnetischen Suszeptibilität und der Proportionalitätskonstanten der spezifischen Wärme.

$$
\begin{aligned}
R &= \frac{1}{1 + F_0^a} \frac{\chi_0}{\gamma_0} \frac{3(g\mu_B)^2}{4\pi^2 k_B^2} \\
&= \frac{1}{1 + F_0^a}
\end{aligned}
\tag{1.93}
$$

Anders als im Fall nichtwechselwirkender Elektronen ist das Wilson-Verhältnis also von 1 verschieden. Die Größe der Abweichung kann dabei zur Charakterisierung der Fermiflüssigkeit dienen.

## 1.3 Mikroskopische Theorie der Fermiflüssigkeit

### 1.3.1 Das Quasiteilchengewicht

Die Beschreibung der Quasiteilchen, die wir bislang betrachtet haben, beruhte auf wenigen phänomenologischen Grundannahmen. Im Folgenden werden wir verstehen, welche mikroskopische Beschreibung diesen Grundannahmen entspricht.

In Abschn. (1.2.1) haben wir das Prinzip der adiabatischen Kontinuität eingeführt, das sich als grundlegend für das Quasiteilchenkonzept herausgestellt hat. Es erlaubte eine Eins-zu-Eins-Beziehung des wechselwirkenden und des nichtwechselwirkenden Systems herzustellen. Diese Beziehung können wir durch eine unitäre Transformation darstellen.

$$\left|\overline{\Psi_0}\right\rangle = U \left|\Psi_0\right\rangle \tag{1.94}$$

$$\left|\overline{\mathbf{k}, \sigma}\right\rangle = U \left|\mathbf{k}, \sigma\right\rangle \tag{1.95}$$

Hierbei bezeichnet $|\Psi_0\rangle$ den Grundzustand des wechselwirkungsfreien Systems (die Fermikugel), welcher durch die unitäre Transformation $U$ mit dem Grundzustand des wechselwirkenden Systems $\left|\overline{\Psi_0}\right\rangle$ verbunden ist. Ebenso wird die Einteilchen-Anregung $|\mathbf{k}, \sigma\rangle = c_{\mathbf{k},\sigma}^{\dagger} |\Psi_0\rangle$ auf die Anregung $\left|\overline{\mathbf{k}, \sigma}\right\rangle$ des wechselwirkenden Systems abgebildet. Aufgrund des Prinzips der adiabatischen Kontinuität ist Letztere durch die gleichen Quantenzahlen $\mathbf{k}, \sigma$ charakterisiert. In Abschn. (1.2.1) haben wir die Lebensdauer des Zustands $\left|\overline{\mathbf{k}, \sigma}\right\rangle$ berechnet und gesehen, dass diese bei niedrigen Temperaturen hinreichend groß ist, um $\left|\overline{\mathbf{k}, \sigma}\right\rangle$ als Quasiteilchen auffassen zu können. In diesem Sinne schreiben wir

$$\left|\overline{\mathbf{k}, \sigma}\right\rangle = a_{\mathbf{k},\sigma}^{\dagger} \left|\overline{\Psi_0}\right\rangle \tag{1.96}$$

mit dem Quasiteilchen-Erzeugungsoperator $a_{\mathbf{k},\sigma}^{\dagger}$. Dieser hängt mit $c_{\mathbf{k},\sigma}^{\dagger}$, welcher die „richtigen" Elektronen beschreibt über die Transformation

$$a_{\mathbf{k},\sigma}^{\dagger} = U c_{\mathbf{k},\sigma}^{\dagger} U^{-1} \tag{1.97}$$

zusammen.

Um ein Maß dafür zu haben, „wieviel" des ursprünglichen Elektrons $c_{\mathbf{k},\sigma}^{\dagger}$ im Quasiteilchen enthalten ist, definieren wir das sogenannte Quasiteilchengewicht als überlapp des Quasiteilchenzustands $\left|\overline{\mathbf{k}, \sigma}\right\rangle$ und der Anregung $c_{\mathbf{k},\sigma}^{\dagger} \left|\overline{\Psi_0}\right\rangle$:

$$Z_{\mathbf{k}} = |\langle \overline{\Psi_0}| \, a_{\mathbf{k},\sigma} c_{\mathbf{k},\sigma}^{\dagger} \, |\overline{\Psi_0}\rangle|^2. \tag{1.98}$$

Wenn wir $c_{\mathbf{k},\sigma}^{\dagger}$ durch die Quasiteilchen-Anregungen beschreiben ergibt sich der allgemeine Ansatz

$$c_{\mathbf{k},\sigma}^{\dagger} = \sqrt{Z_{\mathbf{k}}}\, a_{\mathbf{k},\sigma}^{\dagger} + \sum_{\substack{\mathbf{k}_2,\mathbf{k}_3,\mathbf{k}_4 \\ \mathbf{k}+\mathbf{k}_2=\mathbf{k}_3+\mathbf{k}_4}} A(\mathbf{k}_3,\sigma_4;\mathbf{k}_3,\sigma_3|\mathbf{k}_2,\sigma_2,\mathbf{k},\sigma)\, a_{\mathbf{k}_4,\sigma_4}^{\dagger} a_{\mathbf{k}_3,\sigma_3}^{\dagger} a_{\mathbf{k}_2,\sigma_2} + \dots \tag{1.99}$$

Neben dem nackten Quasiteilchen $a_{\mathbf{k},\sigma}^{\dagger}$ enthält die Entwicklung noch einen endlosen Schwanz von Quasiteilchen-Quasiloch-Anregungen.

Mittels dieser Entwicklung können wir bspw. die Impulsverteilung der Elektronen im Grundzustand berechnen. Wir erhalten

$$\begin{aligned}
n_{\mathbf{k},\sigma} &= \langle \overline{\Psi_0}| \, c_{\mathbf{k},\sigma}^{\dagger} c_{\mathbf{k},\sigma} \, |\overline{\Psi_0}\rangle \\
&= Z_{\mathbf{k}} \underbrace{\langle \overline{\Psi_0}| \, a_{\mathbf{k},\sigma}^{\dagger} a_{\mathbf{k},\sigma} \, |\overline{\Psi_0}\rangle}_{=\Theta(-\epsilon_{\mathbf{k}})} + \text{Kontinuum}
\end{aligned} \tag{1.100}$$

Der Kontinuums-Beitrag resultiert hierbei aus den Quasiteilchen-Quasiloch-Anregungen der Entwicklung (1.99). Die Quasiteilchen-Besetzungsfunktion bei $T = 0$ ist durch eine Theta-Funktion gegeben (vgl. Abschn. 1.2.2). An der Fermi-Energie hat also die Impulsverteilung der Elektronen einen Sprung der Größe $Z_{k_F}$ (s. Abb. 1.3).

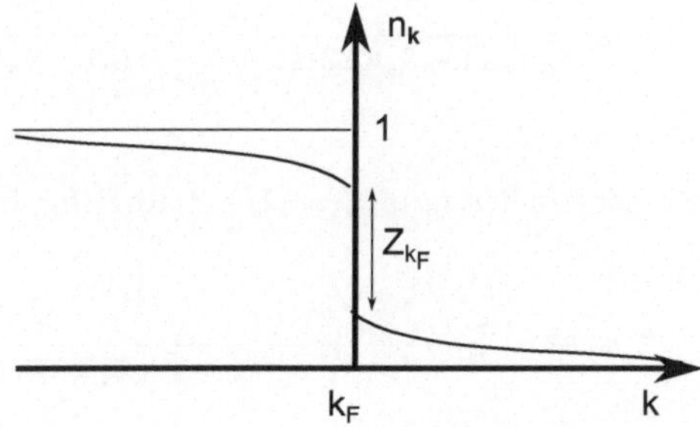


**Abb. 1.3** Wie im Fermigas hat die Impulsverteilung $n_{\mathbf{k}}$ bei $k = k_F$ einen Sprung (für die Temperatur $T = 0$). Dieser ist allerdings im Vergleich zum Fermigas um den Faktor $Z_{k_F}$ reduziert

## 1.3.2   Spektrale Dichte

Um die spektrale Dichte der Fermiflüssigkeit besser zu verstehen, betrachten wir die Green's Funktion der Elektronen auf der reellen Frequenzachse, wobei die Wechselwirkungseffekte durch die Selbstenergie $\Sigma(\omega, \mathbf{k})$ beschrieben werden.

$$\mathcal{G}(\omega, \mathbf{k}) = \frac{1}{\omega - \epsilon_0(\mathbf{k}) - \Sigma(\omega, \mathbf{k})} \tag{1.101}$$

Aus dieser ergibt sich die Spektraldichte (Setze $S(\omega, \mathbf{k}) = -\frac{1}{\pi}\mathrm{Im}\Sigma(\omega, \mathbf{k})$)

$$
\begin{aligned}
A(\omega, \mathbf{k}) &= -\frac{1}{\pi}\mathrm{Im}\mathcal{G}(\omega, \mathbf{k}) \\
&= -\frac{1}{\pi}\mathrm{Im}\frac{1}{\omega - \epsilon_0(\mathbf{k}) - \mathrm{Re}\Sigma(\omega, \mathbf{k}) + i\pi S(\omega, \mathbf{k})}\frac{\omega - \epsilon_0(\mathbf{k}) - \mathrm{Re}\Sigma(\omega, \mathbf{k}) - i\pi S(\omega, \mathbf{k})}{\omega - \epsilon_0(\mathbf{k}) - \mathrm{Re}\Sigma(\omega, \mathbf{k}) - i\pi S(\omega, \mathbf{k})} \\
&= \frac{S(\omega, \mathbf{k})}{(\omega - \epsilon_0(\mathbf{k}) - \mathrm{Re}\Sigma(\omega, \mathbf{k}))^2 + (\pi S(\omega, \mathbf{k}))^2}
\end{aligned}
\tag{1.102}
$$

Die Fermioberfläche ist definiert durch $\omega = 0$. Wenn wir $\epsilon_0(\mathbf{k})$ auf der Fermioberfäche $= 0$ setzen, folgt $\mathrm{Re}\Sigma(\omega = 0, \mathbf{k}) = 0$. Um einen Ausdruck für die Spektraldichte nahe der Fermioberfläche zu erhalten, entwickeln wir

$$\mathrm{Re}\Sigma(\omega, \mathbf{k}) = \nabla_{\mathbf{k}}\mathrm{Re}\Sigma(\mathbf{k}_F, 0)(\mathbf{k} - \mathbf{k}_F) + \partial_\omega\mathrm{Re}\Sigma(\mathbf{k}_F, 0)\omega \tag{1.103}$$

In (1.102) eingesetzt, ergibt sich

$$A(\omega, \mathbf{k}) = \frac{S(\omega, \mathbf{k})}{(\omega(1 - \partial_\omega\mathrm{Re}\Sigma(k_F, 0)) - \epsilon_0(\mathbf{k}) - \nabla_{\mathbf{k}}\mathrm{Re}\Sigma(0, \mathbf{k}_F)(\mathbf{k} - \mathbf{k}_F))^2 + (\pi S(\omega, \mathbf{k}))^2} \tag{1.104}$$

Mit der Abkürzung $\tilde{Z}_{k_F} = (1 - \partial_\omega\mathrm{Re}\Sigma(k_F, 0))^{-1}$ schreibt sich dies als

$$A(\omega, \mathbf{k}) = \tilde{Z}_{k_F}\frac{\tilde{Z}_{k_F} S(\omega, \mathbf{k})}{(\omega - \tilde{Z}_{k_F}\epsilon_0(\mathbf{k}) - \tilde{Z}_{k_F}\nabla_{\mathbf{k}}\mathrm{Re}\Sigma(0, \mathbf{k}_F)(\mathbf{k} - \mathbf{k}_F))^2 + (\pi\tilde{Z}_{k_F} S(\omega, \mathbf{k}))^2} \tag{1.105}$$

Mit diesem Ausdruck kann nun erneut die Impulsverteilung $n_{\mathbf{k},\sigma} = \left\langle c^{\dagger}_{\mathbf{k},\sigma}c_{\mathbf{k},\sigma}\right\rangle$ berechnet werden.

$$n_{\mathbf{k},\sigma} = \int_{-\infty}^{\infty} d\omega\, A(\omega, \mathbf{k}) n_F(\omega, \mathbf{k})$$

$$= \int_{-\infty}^{0} d\omega\, A(\omega, \mathbf{k}) \tag{1.106}$$

In der zweiten Zeile haben wir $T = 0$ ausgenutzt. Wenn wir annehmen, dass $S(\omega, \mathbf{k})$ nicht stark von $\omega$ abhängt, dann beschreibt Gl. (1.105) eine Lorentzkurve der Breite $\pi \tilde{Z}_{k_F} S(\omega, \mathbf{k})$. Die Breite der Lorentzkurve ist durch die inverse Lebensdauer des Quasiteilchens gegeben, welche für $k \to k_F$ verschwindet, so dass $A(\omega, \mathbf{k})$ sich einer Delta-Funktion annährt. Für $k \to k_F^-$ liegt diese im Integrationsgebiet von (1.106). Für $k \to k_F^+$ liegt sie dagegen außerhalb. Wie in der Betrachtung zuvor, ergibt sich ein Sprung in $n_{\mathbf{k},\sigma}$ der Größe $\tilde{Z}_{k_F}$. Der Vergleich mit dem Ergebnis des vorigen Abschnitts liefert die Beziehung

$$Z_{k_F} = \tilde{Z}_{k_F} = \frac{1}{1 - \partial_\omega \mathrm{Re}\Sigma(k_F, 0)}. \tag{1.107}$$

Das Quasiteilchengewicht kann also aus der elektronischen Selbstenergie berechnet werden.

### 1.3.3  Effektive Masse

Die Position des Lorentz-peaks definiert eine effektive Einteilchenenergie

$$\epsilon(\mathbf{k}) = Z_{k_F} \epsilon_0(\mathbf{k}) - Z_{k_F} \nabla_{\mathbf{k}} \mathrm{Re}\Sigma(0, \mathbf{k}_F)(\mathbf{k} - \mathbf{k}_F) \tag{1.108}$$

Unter Ausnutzung der sphärischen Symmetrie folgt $\nabla_{\mathbf{k}} \mathrm{Re}\Sigma(0, \mathbf{k}_F) = \frac{\mathbf{k}_F}{k_F} \partial_k \mathrm{Re}\Sigma(0, \mathbf{k}_F)$ und $\epsilon_0(\mathbf{k}) = \frac{\mathbf{k}_F(\mathbf{k}-\mathbf{k}_F)}{m}$, so dass man $\epsilon(\mathbf{k})$ schreiben kann als

$$\epsilon(\mathbf{k}) = Z_{k_F} \left( \frac{1}{m} + \frac{\partial_k \mathrm{Re}\Sigma(0, \mathbf{k}_F)}{k_F} \right) \mathbf{k}_F (\mathbf{k} - \mathbf{k}_F) \tag{1.109}$$

Wenn wir nun $\epsilon(\mathbf{k})$ mit der effektiven Quasiteilchenenergie (1.48) assoziieren und ausnutzen, dass $\epsilon(\mathbf{k}) = \frac{\mathbf{k}_F(\mathbf{k}-\mathbf{k}_F)}{m^*}$ mit der effektiven Masse $m^*$ (vgl. Gl. (1.61)), folgt

$$\frac{m^*}{m} = \frac{1 - \partial_\omega \mathrm{Re}\Sigma(0, \mathbf{k}_F)}{1 + \frac{m}{k_F}\partial_k \mathrm{Re}\Sigma(0, \mathbf{k}_F)} \qquad (1.110)$$

Damit sieht man, dass auch die effektive Masse $m^*$ aus der Selbstenergie berechnet werden kann. Die Korrespondenz der phänomenologischen Parameter der Fermiflüssigkeitstheorie zu mikroskopischen Größen kann auch für die effektiven Quasiteilchen-Wechselwirkungen hergestellt werden. Dies werden wir hier allerdings nicht weiter verfolgen und verweisen auf weiterführende Literatur (siehe z. B. [3]).

## 1.4　Grenzen der Fermiflüssigkeitstheorie

In vielen Fällen bricht das Konzept langlebiger Quasiteilchen zusammen, sodass die entsprechenden Systeme nicht mehr mit der Fermiflüssigkeitstheorie beschrieben werden können.

Ein wichtiges Beispiel hierfür bilden eindimensionale Systeme (bspw. Quanten-Drähte), welche durch kollektive Ladungs- und Spin-Anregungen charakterisiert werden. Während die Quasiteilchen einer Fermiflüssigkeit eine feste Ladung und einen festen Spin besaßen (wie man es von Teilchen erwartet), pflanzen sich in eindimensionalen Systemen Ladungs- und Spin-Anregungen unabhängig voneinander fort, was zum Phänomen der Spin-Ladungs-Trennung führt. Dies kann mit der Theorie der Luttinger-Flüssigkeiten erklärt werden. Eine Einführung in diese findet sich bspw. in [5].

Ein anderes Beispiel, in dem die Fermiflüssigkeits-Theorie zusammenbricht sind Supraleiter. Der Physiker Leon Cooper zeigte 1956, dass der Grundzustand eines Elektronengases mit einer attraktiven Elektron-Elektron-Wechselwirkung nicht durch eine scharfe Fermikante beschrieben werden kann. Stattdessen kann das System Energie durch Bildung sogenannter Cooper-Paare gewinnen. Diese sogenannte Cooper-Instabilität bildet die Grundlage der BCS-Theorie zur Beschreibung konventioneller Supraleitung, die bspw. in [6] behandelt ist.

# Was Sie aus diesem *essential* mitnehmen können

- Mit dem Sommerfeld-Modell, in dem die Elektronen eines Metalls als Gas modelliert werden, können Eigenschaften eines Metalls bei tiefen Temperaturen qualitativ richtig beschrieben werden.
- Der Einfluss der Wechselwirkungen kann mit Landaus Theorie der Fermiflüssigkeit untersucht werden, welche das Bild freier Elektronen durch das Konzept des Quasiteilchens ersetzt. Bei der Berechnung von Messgrößen, wie der Wärmekapazität oder der Spin-Suszeptibilität führen die Wechselwirkungen im Vergleich zum Sommerfeld-Modell lediglich zur Modifizierung einiger Parameter, der Landau-Parameter.
- Die Eigenschaften der Quasiteilchen können auch mikroskopisch berechnet werden.

© Springer Fachmedien Wiesbaden GmbH, ein Teil von Springer Nature 2018    31
M. Kinza, *Theorie der Fermiflüssigkeit in Metallen*, essentials,
https://doi.org/10.1007/978-3-658-23833-9

# Literatur


1. Sigrist, M.: Solid state theory, spring semester. http://edu.itp.phys.ethz.ch/fs10/sst/Notes.pdf (2010). Zugegriffen: 28 Juli 2018
2. Bühler-Paschen, S., Mohn, P.: Festkörperphysik II. TU-Verlag, Wien, (2016/17)
3. Negele, J.W., Orland, H.: Quantum many particle systems. Addison-Wesley, Redwood City (1988)
4. Coleman, P.: Introduction to Many Body Physics. Cambridge University Press, Cambridge (2015)
5. Bruus, H., Flensberg, K.: Many Body Quantum Theory in Condensed Matter Physics: An Introduction. Oxford Graduate Texts, Oxford (2004)
6. Altland, A., Simons, B.: Condensed Matter Field Theory. Cambridge University Press, Cambridge (2010)



© Springer Fachmedien Wiesbaden GmbH, ein Teil von Springer Nature 2018

M. Kinza, *Theorie der Fermiflüssigkeit in Metallen,* essentials,

https://doi.org/10.1007/978-3-658-23833-9